子どもと一緒に見つける

空を見上げるさんぽ図鑑

監修：NPO法人自然観察大学
お散歩研究会「ぽかぽか」

永岡書店

はじめに

散歩に出かけたら
空を見上げてみましょう。

そこには何が見えるでしょうか？

どこまでも青い快晴の空、
ふわふわした真っ白な雲、
灰色の空から落ちてくる雨粒、
夕暮れのオレンジ色に輝く太陽。

見上げた先にはそれだけでなく、
いろいろなものが飛び込んできます。

電線の上で鳥がさえずり、
草花の周りをチョウやハチが飛び回り、
風に枝葉を揺らす木々が立っています。

道には標識があり、背の高いビルがあり、
その上を飛行機が飛んでいるかもしれません。

前を向くだけでなく顔をぐいっと上げ、
意識して周りを見てみると
新たな発見や疑問が生まれてきます。

目に入るものを知ることで
世界がもっと広がりますよ。

見えるかな？

入るものを**5つに分けて**紹介しています

空

さまざまな表情を見せる空。天気のほか、
夜空で見えるものも取り上げています。

P.19～P.62

街中

街灯、信号機、大きな鉄塔……。
何かわからない不思議な建物もあります。

P.63～P.104

散歩で何が

本書では散歩中に見上げて目に

虫

飛んだり木に
とまっていたりする虫を
紹介しています。

P.149～P.206

鳥

日常よく目にする
鳥の見分け方も説明しています。

P.105～P.148

樹木

花、果実、紅葉など、
四季折々の樹木の変化がわかります。

P.207～P.247

本書の使い方

本書では自然現象、植物や動物、建物など、見上げて目に入るものを５つの章に分けて掲載しています。コラムのページでは、追加や補足、関連の情報を詳しく紹介しています。１章では空で見られる自然現象を、２章では身の回りにある乗り物や建物などを取り上げています。

本　文　1章「空」　2章「街中」

街中 ― 乗り物

世界の人々を結ぶ高速の乗り物

飛行機

　人が乗って空を飛ぶ乗り物を総称して航空機といい、なかでもプロペラやジェットエンジンなどの推進装置の力で前進し、固定翼に生ずる揚力（上向きの力）によって飛ぶものを飛行機といいます。1903年、アメリカのライト兄弟が世界初の飛行に成功。二度の世界大戦では偵察機や戦闘機として使用されました。当時はプロペラ機でしたが、その後ジェット機が実用化され、戦後は大型の旅客機も登場。現在、ジェット機は国際線、国内線ともに人々の主要な交通機関となっています。

見てみよう

どれくらいの高さを飛んでいる？

　「ゴーッ」という音が聞こえて空を見上げると、飛行機が見えることがあります。ジェット機が飛ぶ高さは7.5～11km程度の上空。音が聞こえた時点で機体はかなり先に進んでいるので、離着陸時を除けば地表から10km以上離れていることがほとんどです。

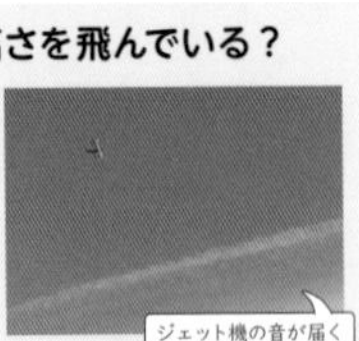

ジェット機の音が届くのは周囲20kmほど

66

コラム

もっと詳しく知りたいテーマの情報や関連情報を掲載しています。

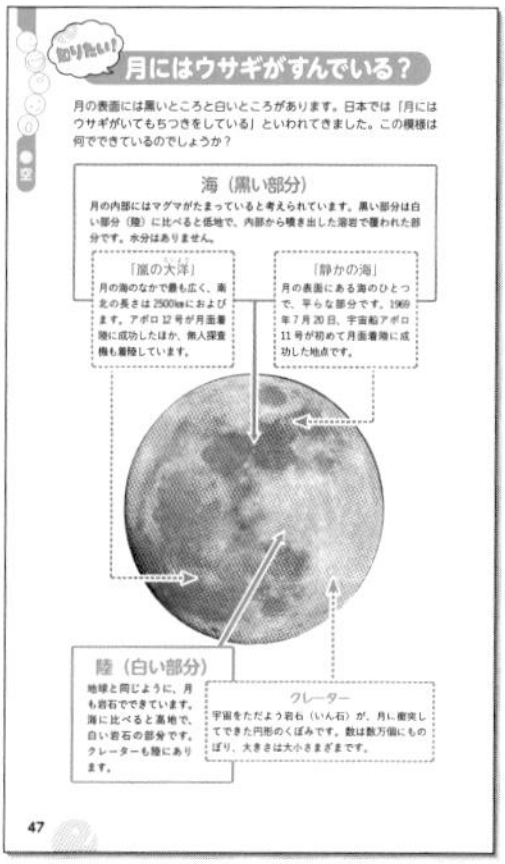
知りたい!
月にはウサギがすんでいる？

月の表面には黒いところと白いところがあります。日本では「月にはウサギがいてもちつきをしている」といわれてきました。この模様は何でできているのでしょうか？

海（黒い部分）
月の内部にはマグマがたまっていると考えられています。黒い部分は白い部分（陸）に比べると低地で、内部から噴き出した溶岩で覆われた部分です。水分はありません。

「嵐の大洋」
月の海のなかで最も広く、南北の長さは2500㎞におよびます。アポロ12号が月面着陸に成功したほか、無人探査機も着陸しています。

「静かの海」
月の表面にある海のひとつで、平らな部分です。1969年7月20日、宇宙船アポロ11号が初めて月面着陸に成功した地点です。

陸（白い部分）
地球と同じように、月も岩石でできています。海に比べると高地で、白い岩石の部分です。クレーターも陸にあります。

クレーター
宇宙をただよう岩石（いん石）が、月に衝突してできた円形のくぼみです。数は数万個にものぼり、大きさは大小さまざまです。

47

知りたい! テーマにある現象が見られるのはいつ？ どこで？ などの疑問や、関連する豆知識を紹介します。

教えて! 説明本文では説明しきれなかった知識や情報を掲載。楽しく学ぶことができます。

もっと 説明本文の補足情報。たとえば「空が青い仕組み」など、内容がイメージしやすいように写真やイラストを使って詳しく解説しています。

見上げて目に入るさまざまなものを写真で紹介します！

メイン写真

色や形、特徴がわかりやすい写真。見上げたときのイメージに近い写真を選んでいます。

取り上げるものの名前

一般的な名称です。「飛行機」「はしご車」など子どもになじみのある名前で載せています。

説明本文

その現象が起きる理由やそのものの成り立ちなどを解説しています。

ミニ情報・見てみよう

誰かに話したくなる雑学的な知識などを楽しく紹介しています。

3～5章では、鳥、虫、樹木について、身の回りで比較的よく見られるものを取り上げています。生きものなので、低いところで見られることもあります。樹木も背の高い木だけでなく、背の低い木も取り上げています。

本　文　3章「鳥」　4章「虫」　5章「樹木」

虫

分類　チョウ目タテハチョウ科
大きさ　40～53㎜
分布　本州～九州
時期　4～10月

幼虫は茶色く姿を変えて越冬する

アカボシゴマダラ

雑木林にすみますが、幼虫が葉を食べるエノキ（→P.236）の木があれば、市街地にも姿を見せることがあります。幼虫はりっぱな角をもつ緑色のイモムシですが、年に3回ほど羽化します。そのなかでも冬を越すタイミングに発生したものは、エノキの木の下の落ち葉にもぐって春を待ちます。日本にもともと生息しているゴマダラチョウによく似ている帰化昆虫の本種は、はねに赤い模様があるのが特徴。春に羽化するもの（春型）にはその赤い模様がなく、特にメスは全体的に白いです。

見てみよう

ゴマダラチョウ（右）と
アカボシゴマダラ（左）

日本に住みついた昆虫

海外から飛来するほか、輸入した荷物に紛れ込んだり、鑑賞用として人の手によって持ち込まれたりして、その土地で繁殖し野生化した昆虫を「帰化昆虫」といいます。食べ物を奪い合うことで、在来種（→P.11）の数が少なくなってしまうこともあります。

165

説明本文　特徴や名前の由来、生息地などを解説しています。

メイン写真

色や形、特徴がわかりやすい写真を選んでいます。

基本データ ※詳しい説明は（→ P.10）

[分　　類]	鳥・虫	生物学上の分類
[樹　　形]	樹　木	常緑樹と落葉樹、針葉樹と広葉樹など、わかりやすい特徴別に分類
[科　　名]	樹　木	植物を分類する基本になる階級
[大きさ]	鳥・虫	生きものの体の大きさ
[分　　布]	鳥・虫	日本のどの地域で見られるか
[時　　期]	鳥・虫	各生きもの（昆虫は成虫、クモは成体）が見られる季節的な目安
[開花時期]	樹　木	花の咲く時期の目安

サブ写真

鳥と虫はメイン写真とはちがう特徴がわかる写真を、樹木は花などに特徴のあるものを掲載しています。

生きものの名前

基本的には和名（日本国内で使われる種の名称）を記載していますが、わかりやすいよう一般的に呼ばれている名前を併記しているものもあります。

ミニ情報・見てみよう

誰かに話したくなる雑学的な知識などを、楽しく紹介しています。実際に観察するときに役立つ情報や注目ポイントの紹介もあります。

「虫」について

「虫」＝「昆虫」ではありません。昆虫は動物界において「節足動物門」の「昆虫綱」に分類されます。昆虫は 6 本の脚を持ち、体が頭・胸・腹の 3 つに分かれ、成虫は 4 枚のはねをもつと定義づけられ、チョウもハチも昆虫です。本書では昆虫ではないクモも紹介しています。

基本データについて

分類

鳥・虫の分類は似たもの同士をまとめています。その最小単位が「種（しゅ）」、その上に「科（か）」や「目（もく）」などがあります。これを知ると全体や相互の関係がわかりやすいので、本書の鳥・虫では科と目、樹木では科を記しています。

大きさ

種類ごとに以下のものを示しています。オスとメスで大きな違いがある場合は、それぞれを記載しています。大きさは場所や生育環境によって個体差があるのであくまで目安です。

鳥
体をまっすぐにのばしたときの、くちばしの先から尾の先までの長さ。

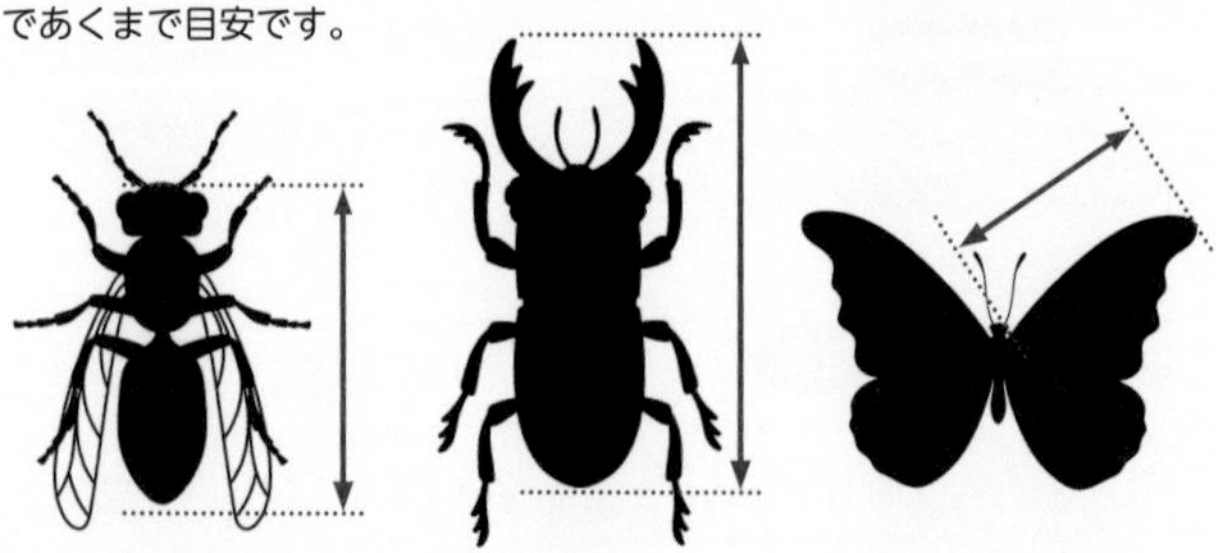

虫
頭からお腹の先までの長さ。セミなどは頭から閉じたはねの先端までの長さ。触角やカブトムシの角などは含みません。チョウやガは前ばねの根元からはねの先までの長さです。

樹形

樹木は常緑樹（一年中緑の葉を保っている木）と落葉樹（冬に葉を落として枝だけになる木）、成木の樹高の目安を示しました。本書では10m以上を高木、5m～10mを小高木としています。

常緑樹　　落葉樹

時期

「鳥」「虫」（昆虫は成虫）が見られる季節、「樹木」は開花時期の目安です。地域によって差があるので、本書では関東の平地で見られる時期を掲載しています。

分布

北海道、本州、四国、九州、南西諸島の５つの地域に分け、その地域の一部でしか見られない場合も、地域名を掲載しています。温暖化などで分布は変化する可能性があります。

関連用語解説 （○数字の章に関連します）

大気圏 ①
地球をとりまく空気がある部分。地表から400～500kmくらいまで。

波長 ①
光は波の性質をもっている。その波の山から次の山までの間隔のこと。

上昇気流 ①
大気が上に昇っていく流れ。太陽熱で温められた空気が上昇したり、山の斜面に風が当たって上向きに流れていったり、理由はさまざま。

ブレード ②
ポンプ・水車やジェットエンジンなど回転翼の羽根のこと。

渡り鳥 ③
食べものや子育ての場などを求めて、定期的に長距離移動する鳥。

留鳥 ③
１年中同じところに暮らす鳥。

つがい ③
オスとメスのカップル。

縄張り ③④
えさやメスを確保するために一定の場所を占有すること。

ふ化 ③④
虫は卵が幼虫になること。鳥は卵からヒナがかえること。

羽化 ④
さなぎや幼虫が成虫になること。

寄生 ④
生きものがほかの生きものに依存し、養分を得て生活すること。

ホバリング ②③④
空中で停止した飛行状態。

猛きん類 ③
鋭い爪やくちばしで、ほかの動物を捕食するフクロウやタカの仲間。

混群 ③
異なる種類の鳥がひとつの群れとなって行動すること。

擬態 ④
自衛や攻撃などのために、動植物がほかの動植物に体の色や形、模様を似せること。

樹冠 ⑤
樹木の枝や葉、花が茂っている部分。

花序（かじょ） ⑤
花のつき方または花のついた茎全体のこと。

総苞（そうほう） ⑤
花序の基部にありつぼみのときに花序全体を包む複数の葉。タンポポでは、１個の花のように見えるのが花序で、その下のがくのようなものが総苞。

在来種 ④⑤
その地域に古くから生息している種。

外来種 ④⑤
その地域にいなかったものが人為的に運ばれてきた種。

野生種 ⑤
栽培種に対してもともと野生で存在した種。

絶滅危惧種 ⑤
絶滅の危機にある生きもののこと。

雌雄異株 ⑤
植物で、雄花と雌花が別々の個体にあるもの。

もくじ

もくじ

もくじ

コラム

この散歩で気をつけること

観察する場所、周囲の状況に注意

顔を上げて見上げている状態は、周囲への注意力が散漫になっています。子どもと一緒のときは周りの状況に十分注意を払いましょう。車の往来がある街中で立ち止まるときは、危険がない場所に移動するようにしてください。

決められたルールを守る

私有地や立ち入り禁止の場所には入らない、交通ルールを守る、ゴミが出たら持ち帰るなど、基本的な社会のルールをしっかり守り、ほかの人に迷惑がかからないようにしましょう。

捕獲や採集には十分注意を

野生生物の観察は、その生物の生活している場所で観察するのが基本です。捕獲（採集）して観察した場合はもといた場所に返しましょう。また、野鳥の卵やヒナはとらない、自然保護区内には入らないなど、ルールを守って行ってください。

本書の記述・表記について

本書は親子で読むことを基本に解説していますが、専門用語など少し難しい記述も出てきます。説明が不十分だと感じることもあるかもしれません。そんなときは本書を入り口として、別の本やインターネットなどでも調べてみてください。知識がさらに広がり、親子での散歩がもっと楽しくなるはずです。

第1章
散歩で見上げる空

空を見上げてみよう

晴れた日に見上げた空に浮かぶ雲。「あれはソフトクリーム！」「ドーナツみたい」そんな会話を楽しみながら散歩してみましょう。きれいな夕焼けや雨上がりの虹が見られたらラッキー。空のことをもっと知れば、お天気チェックも楽しくなります。

いろいろな表情に変化する空

撮影してみよう

おもしろい形の雲など、気になるものをスマートフォンで撮影しましょう。あとで見返すと散歩の感想を言い合うことができますよ。動画でそよぐ風や動く雲などを撮影するのもおすすめです。

天気予報をチェック

雨などの予報だけでなく、地球温暖化についてなど幅広い情報が提供されています。空に関する「なぜ？」の答えを知ることができますよ。

空を見上げるポイント

● 立ち止まって見る

道路の真ん中や人通りが多いところは避けて、ほかの人の迷惑にならないようにしましょう。

● 公園の芝生の上で寝っ転がって見る

のんびり見上げていると、形を変えていく雲や夕暮れに染まっていくようすなど、さまざまな変化に気づきます。リラックスして楽しんで。

夜の空も！

子どもには保護者の方が付き添ってあげましょう。

月

星

星空観察のポイント

望遠鏡を使えば月のクレーターまではっきり見える

● 完全に暗くなってから見る

晴れた日の日没１～２時間経ってから観察すると多くの星が見られます。観察場所は人工的な光の少ない公園などがおすすめです。

● 月の動きに注意！月齢を確認する（→ P.49）

星は月が明るいとよく見えません。新月に近づくほど月の光が弱くなり、星の観測がしやすくなります。

空が青いのは青い光を見ているから

青空

太陽の光は白に近い色に見えますが、実は可視光線といわれる紫、藍、青、緑、黄、橙《だいだい》、赤の7色の光が重なってできています。光には波長（↓P.11）があり、その長さは色によって違います。赤色が一番長く紫色が一番短くなっていて、波長の短い青色や藍色ほど空気の中で散らばります。太陽光は大気圏（↓P.11）を通るときに空気中のさまざまな微粒子に当たり、いろいろな方向に散らばるのですが、青一色に見える空にも実はさまざまな色が散らばっています。最も多く散らばった青い光が空を青色に見せています。

見てみよう

濃い青空と薄い青空？

空の青さはいつも同じではありません。濃い青もあれば薄い青もあります。この差は空気中の水蒸気の量の違いです。空気中に水蒸気が多いと、水蒸気に当たった光が乱反射して白く見え、その結果青と白が混じるため、青色が薄く見えるのです。

春は薄い青空が多い

もっと 空が青い仕組みを見てみよう

地球の空気の成分は窒素が約78％、酸素が約21％で、全体の99％以上が窒素と酸素です。太陽の光に含まれる波長の短い青や藍の光は、この窒素や酸素の分子にぶつかって散らばるのです。

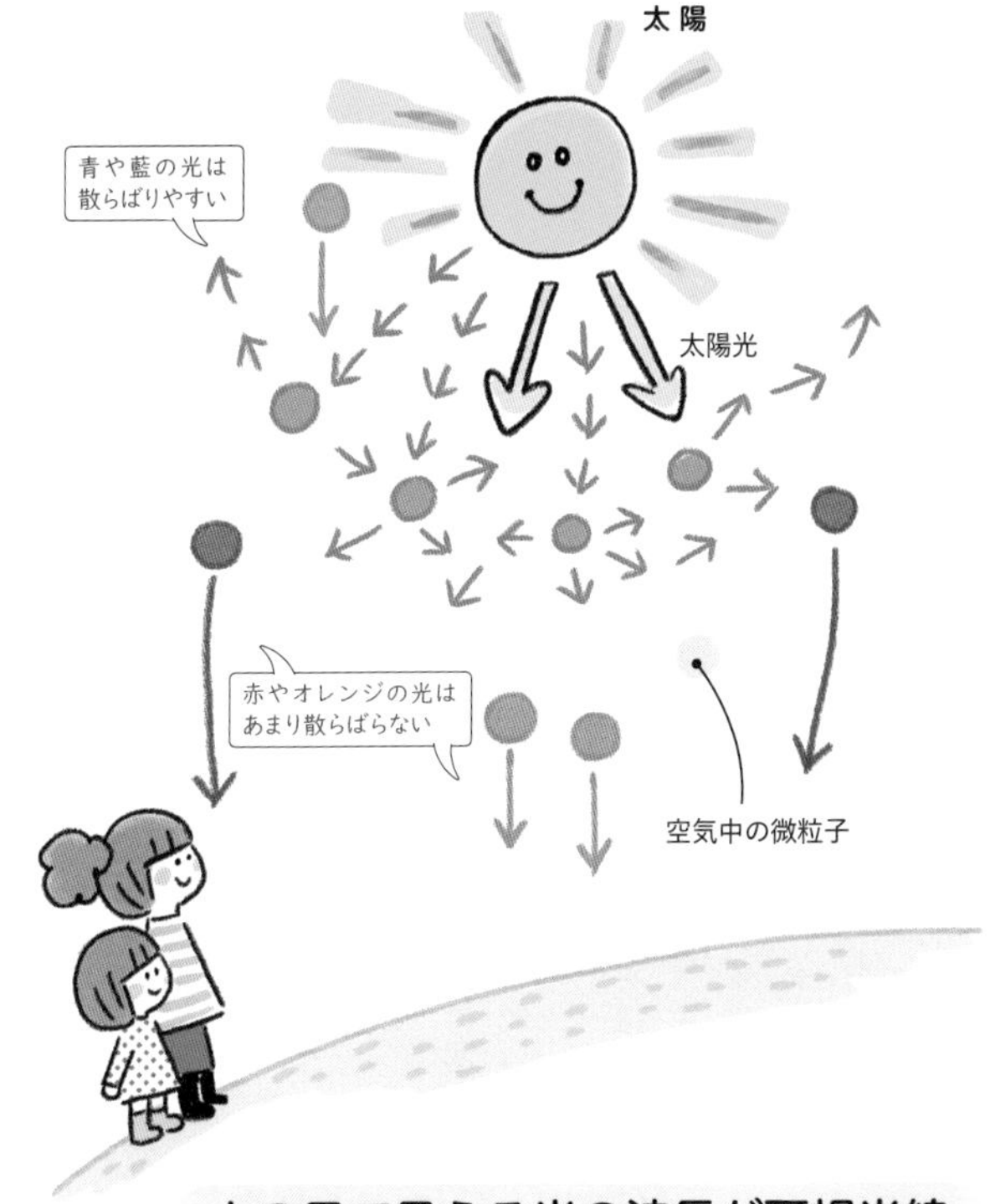

人の目で見える光の波長が可視光線

可視光線より波長の短いものを紫外線、長いものを赤外線といいます。これらは人の目には見えません。

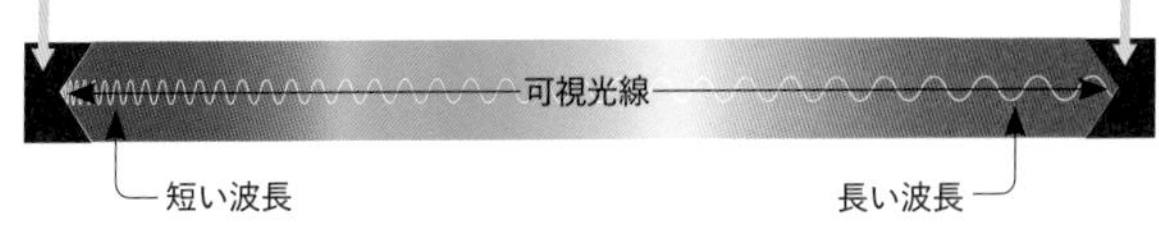

薄い雲がかかる湿度の高い日にきれいに見える

夕焼け

青空（↓P.22）と同様に、晴れた日の夕方にオレンジ色に染まる夕焼けも光の波長が関係しています。夕方になると太陽は地平線の近くの低い位置に移動し、光は昼間より空気中を斜めに長く通ります。このとき青色など波長の短い光は、人の目に届くまでの間にさらに広く散らばり見えなくなってしまいます。一方、波長が長い光は散らばりにくく、赤や橙《だいだい》色などの多く残った光が届きます。湿度が高く上空に薄い雲がある日、夕焼けはよりきれいに見えます。朝焼けも同じ仕組みです。

見てみよう

マジックアワーってなあに？

太陽が昇る前の約20分間と、太陽が沈んだ後の約20分間を「マジックアワー」といいます。この時間帯は空が赤や紫に色づくので、写真を撮ると魔法（マジック）のように幻想的で美しいものになる、ということからいわれるようになりました。

わずかな時間で色を変えるマジックアワー

知りたい! 夕焼けを楽しむ黄昏時《たそがれ》

太陽が落ちて周囲が薄暗くなってくる、昼と夜の間の夕暮れのことを「黄昏時」といいます。太陽が落ちる直前に上空の空気が光の散乱によって光る薄明といわれる現象のことで、風景は黄金色に輝く夕焼けになり、晴れた日の夕方に楽しめます。

神秘的な雰囲気の黄昏時

黄昏時は「誰そ彼（たそかれ）＝あなたは誰？」と問いかける万葉集の言葉から使われ始めました。日が落ちて薄暗くなって相手の顔がわからなくなり「あなたは誰ですか？」と問いかける時間帯です。同様に明け方のことは「かたわれ（彼は誰れ）時」といわれます。昼でも夜でもない薄暗い時間帯として映画『君の名は。』にも登場します。

夕焼けが見えたら晴れ？

夕焼けの太陽は赤色です。真っ赤な夕日が見えているのは西の空に雲がなく、ずっと晴れているから。天気は西から東へ変わることが多いので、夕日が見えた翌日は晴れることが多くなります。

有明海に沈む真っ赤な太陽

空気中に浮かぶ小さな水滴や氷の粒の集まり

雲

空気は温度が高くなると軽くなります。軽くなって上へと向かう空気の流れを上昇気流（→P.11）と呼びます。水は温度の違いによって気体の水蒸気、液体の水、固体の氷に変化しますが、空の上は温度が低いので上昇気流で上がった水蒸気は水滴や氷の粒に変化します。それが集まって目で見えるようになったものが雲です。粒の集まりは地上へと落ちていきますが、粒が落ちるよりも速い上昇気流のおかげで空中に浮かんでいます。ふわふわに見える雲は水滴や氷の集まりなのです。また、上昇の仕方で雲の形が変わります。

見てみよう

湯気も雲の仲間

食べ物に立つ湯気も雲と同じです。熱くなった器のまわりの空気が温められて上昇し周囲の空気と混じって温度が下がるので、目に見えなかった水蒸気が水の粒となって白く見えているのです。お風呂の湯気や吐く息が白く見えるのも同じです。

教えて! 雲の形を比べてみよう

雲は形とその高さで 10 種類に分けられます。「10 種雲形」と呼ばれ、雲の形は世界共通です。

雲の 10 種類のかたち

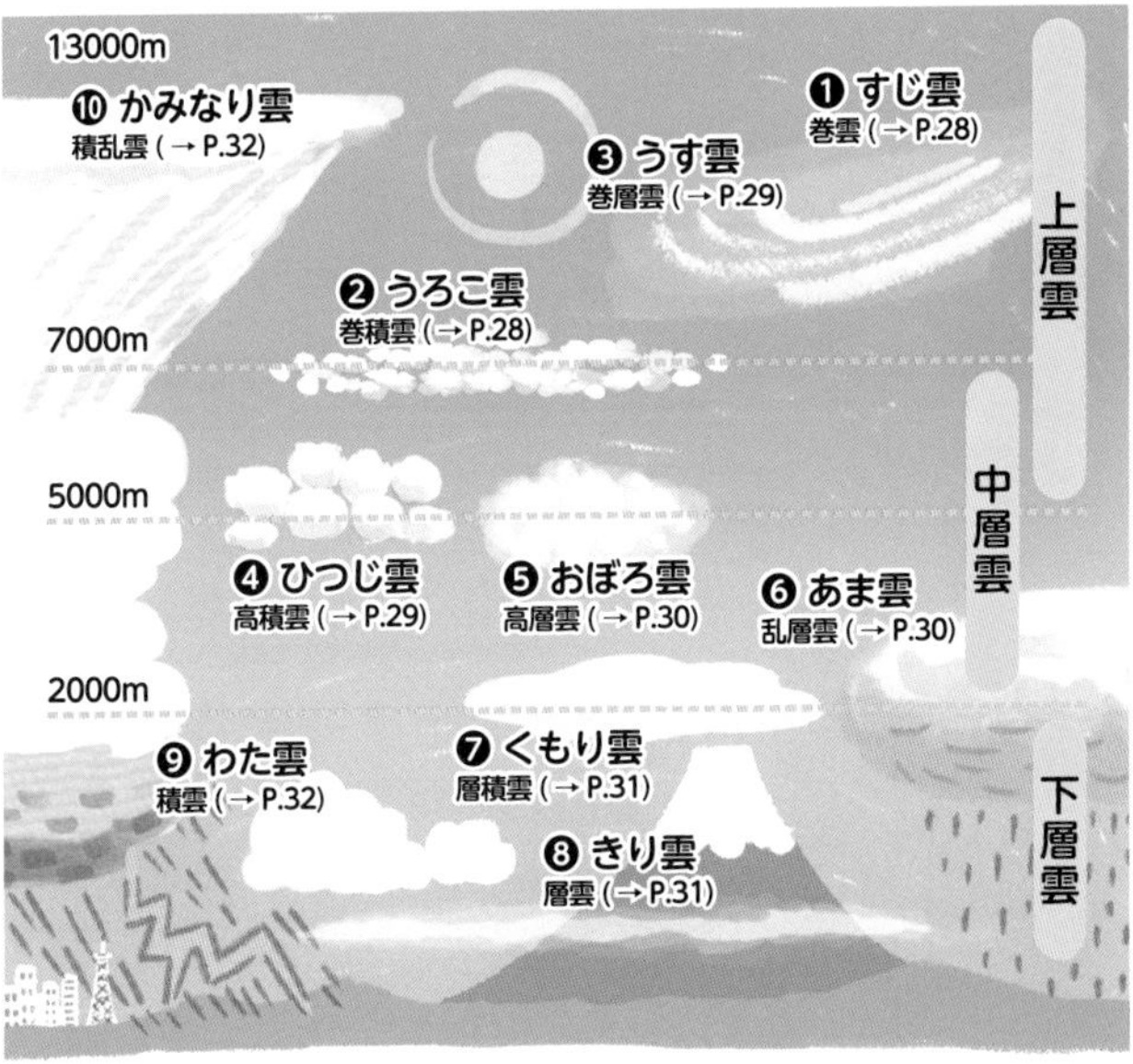

雲は発生する高さで上層雲、中層雲、下層雲に分けられます。上層雲は 5000 ～ 1 万 3000m、中層雲は 2000 ～ 7000m、下層雲は地表から 2000m までのところにできる雲です。雲が発生する高さは条件によっても変わるので重なることもあります。形も 10 種類に正確に分かれているわけではありません⑨のわた雲（積雲）と⑩のかみなり雲（積乱雲）は、下層雲の高さから成長して、上層雲の高さにまでなることもあるので、高さでの区分はなく、「対流雲」と呼ばれます。

① すじ雲

(巻《けん》雲《うん》)

上層雲

雲の高さ 5～13km

10種雲形のなかで空の一番高いところにできる雲で、すじ模様が特徴。低気圧や前線が接近したときに現れます。季節を問わず見られます。

② うろこ雲

(巻《けん》積《せき》雲《うん》)

上層雲

雲の高さ 5～13km

比較的高いところにできる雲。魚のうろこが空いっぱいに広がっているように見えることからこの名がつきました。いわし雲と呼ばれることもあります。うろこがはっきり見えているときは天気が下り坂になるといわれています。

3 うす雲
(巻層雲《けんそううん》)

上層雲

雲の高さ 5〜13km

空全体を覆っても太陽が透けて見える薄い雲。雲のなかにある氷の粒に太陽の光が当たって太陽や月の周りにハロ（→ P.45）という光の輪が見えます。ハロが見えるときは天気が崩れる前兆といわれ、低気圧や前線が接近している場合が多くあります。

4 ひつじ雲
(高積雲《こうせきうん》)

中層雲

雲の高さ 2〜7km

ひつじの群れのような丸い雲がたくさん広がります。巻積雲のうろこ雲に似ていますが、うろこ雲に比べて発生する場所が低く雲が少し厚いので、雲の底のほうに影ができます。うろこ雲の方が平らに見えます。

5 おぼろ雲
（高層雲《こうそううん》）

中層雲

雲の高さ　2〜7km（さらに高く広がることもある）

空全体を覆う灰色の雲でどんよりした曇り空になりますが、ほとんどの場合雨は降りません。雲に覆われて太陽がおぼろ気に見えます。夜、この雲で月が隠れるのが「おぼろ月夜」です。

6 あま雲
（乱層雲《らんそううん》）

中層雲

雲の高さ　2〜7km（さらに高く広がることもある）

低いところから高いところまで広がる灰色の雲。下のほうの雲は活発に動いています。雨や雪を降らす雲で、雨が長時間続くこともあり、地上の温度が低いと雪になります。

7 くもり雲
(層積《そうせき》雲《うん》)

下層雲

雲の高さ 地面〜2km

空の低いところに発生する、よく目にする雲です。10種雲形のなかでは雲の形や模様がいちばん多くいろいろな表情を見せますが、全体にどんよりとしていて重たい印象。時々雨が降ります。

8 きり雲
(層雲《そううん》)

下層雲

雲の高さ 地面〜2km

山にかかる雲で、空の一番低いところを漂うように浮かんでいます。ぼんやりとしていてはっきりとした輪郭がなく、晴れた日の早朝などに見られることが多いです。地面に達すると霧になったり、霧雨が降ることも。

9 わた雲
（積雲《せきうん》）

対流雲

雲の高さ 2㎞以下で発生し、10㎞以上に発達することも

ふわふわと空の上のほうに成長していく雲。雲の底は地面にかなり近く、現れるのは地面から2㎞くらいの高さです。消えてしまうものもありますが、雨や雷を伴い山のように盛り上がって積乱雲に発達するものもあります。

10 かみなり雲
（積乱雲《せきらんうん》）

対流雲

雲の高さ 2㎞以下で発生し、10㎞以上に発達することも

わた雲よりさらに大きく成長した雷を発生させる要注意の雲。春は背の高いかみなり雲ができやすくなります。ひょうが降ることが多く、竜巻が起こることも。にゅうどう雲とも呼ばれます。

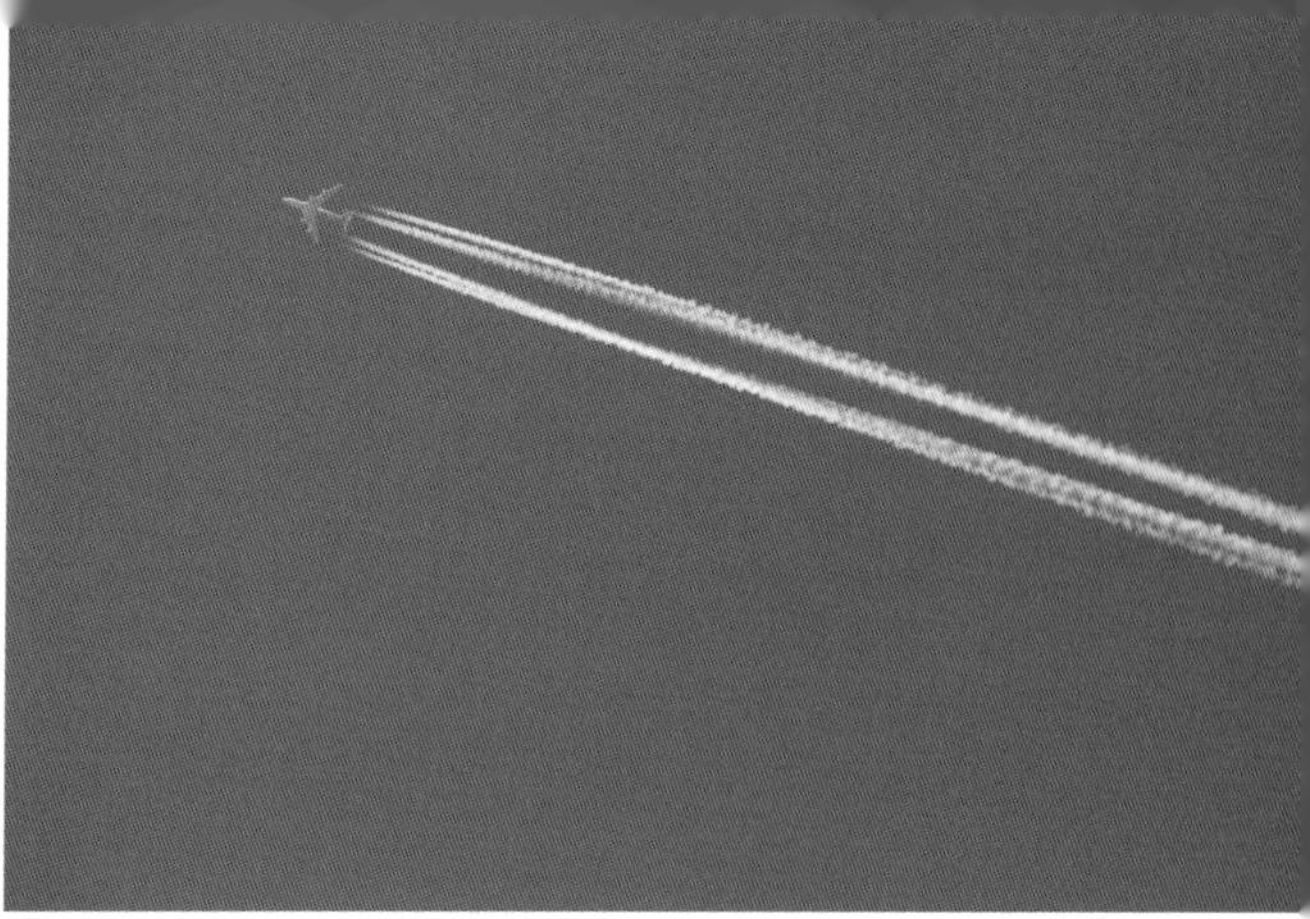

飛行機が飛んでいったあとにできる人工の雲

飛行機雲

10種雲形に属さない雲もあります。飛行機雲は人工的な雲。飛行機のエンジンから出る排気ガスは高温で、放出された水蒸気や微粒子が低温の外気と合わさることで急に冷やされて雲になります。飛行機雲は白いすじが伸びたような形をしていて、機体の後ろから噴射されるエンジンの数だけ線を作ります。エンジンが2つなら2本、3つなら3本、4つなら4本の飛行機雲になるというわけです。上空に太い飛行機雲がはっきりと見えるのは空が湿っているとき。雨が降る前触れになります。

見てみよう

左／湿気のある空
右／乾いた空

飛行機雲で天気がわかる

飛行機雲は気温が低く、湿度が高いときにできます。空の空気が乾くと、飛行機のエンジンから出る水蒸気はすぐに蒸発し、雲も消えてしまいます。雲がすぐに消えるのは天気のいい証拠といえます。逆に雨が降りそうな湿った空では飛行機雲は長く残ります。

地面や水面近くに立ち込めて漂う

霧

霧は雲と同じく空気中の水蒸気が冷やされて、細かい水滴や氷の粒になったものです。ただ雲と霧では発生する場所が違います。雲は下層雲のように低い場所で形成されることもありますが、上昇気流で発生する場合が多く、浮いています。霧は地面や水面など地上近くに立ち込めて漂います。上空を浮遊しているものが雲、地面に接しているものが霧。山に雲がかかっている場合、地上から見ると「雲」なのに、登山者など雲のなかを歩いている人にとっては「霧」に見えているのです。

見てみよう

「霞」という気象用語はない

もやと霞《かすみ》も雲の仲間？

もやも霧も同じものですが、どのくらい遠くまで見通せるかの距離で分けられます。霧のなかでは1km未満しか見えませんが、もやは1km以上先でも見渡せます。また、霞は空気中に浮かぶ小さなちりや煙の粒のことなので、雲とは違います。

幻想的な「天使のはしご」

薄明光線

雲間から見える太陽の光や、雲の影が放射状に漏れて筋のように見えることを薄明《はくめい》光線《こうせん》といいます。太陽に重なる雲の位置によって真横や真上など光の伸びる方向が変わり、特に地面や水面に降り注ぐものは「天使のはしご」と呼ばれています。薄明光線は雲の切れ目から発せられる光が、空気中のちりやほこり、水滴に反射して見えているものです。太陽の位置が低くなる日没直前の西の空に積乱雲や高積雲など厚い雲が出ていると、その切れ目から差しているのを見ることができます。

見てみよう

太陽が東に沈む!?

西に沈む太陽の反対側、東の地平線に長く伸びる雲の影を反薄明光線といいます。東の空のほうへ向かうにつれて筋が細く見えるので、東の空から日没の光が出ているように感じられます。気温と湿度が高い夏の日に見られる現象です。

光の筋は、雲の形によって1本だったり複数だったりする

教えて!

晴れと曇りは雲量で決まる!

「晴れ」と「曇り」は、空に浮かぶ雲量（うんりょう）の割合で決められています。日本では雲量を0～10までの11段階に分けています。雲量が1以下なら「快晴」、2～8なら「晴れ」、9以上の状態が「曇り」です。8割雲がでていると一見「曇り」かな、と思いますが「晴れ」です。また、雲が空全体を覆っていても、強い日差しが感じられる薄曇りの天気は「晴れ」になります。

快晴

雲ひとつない状態

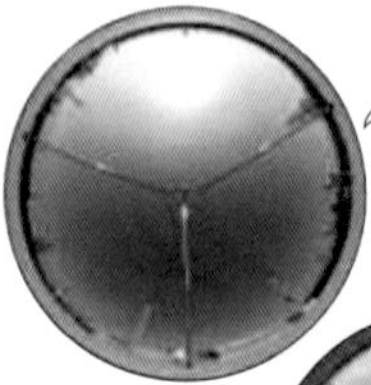

雲量0
（0%）

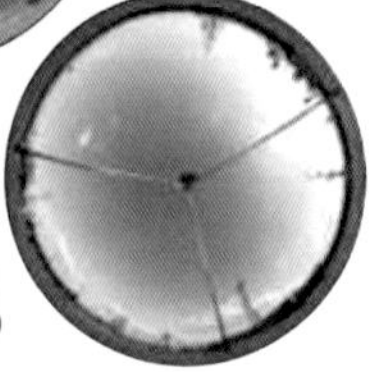

雲量1
（10%）

曇り

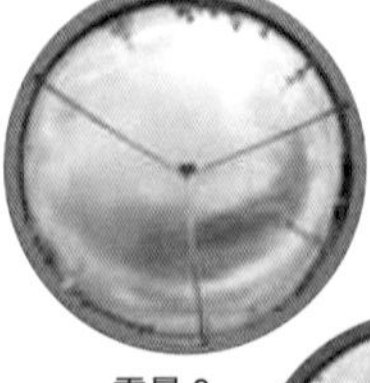

雲量9
（90%）

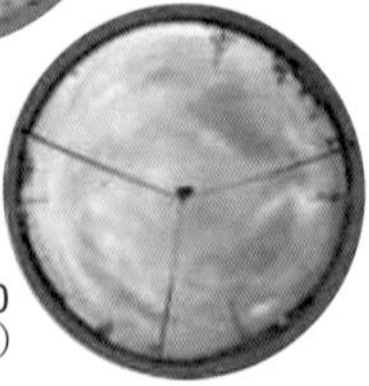

雲量10
（100%）

晴れ

雲量2
（20%）

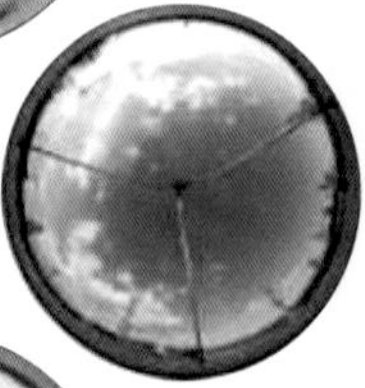

雲量4
（40%）

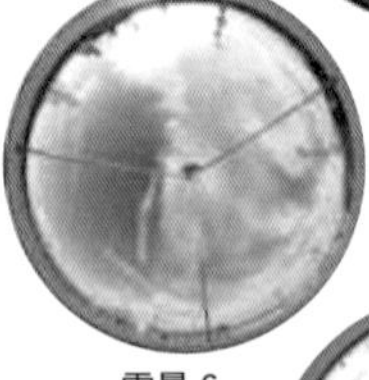

雲量6
（60%）

晴れの幅はかなり広い

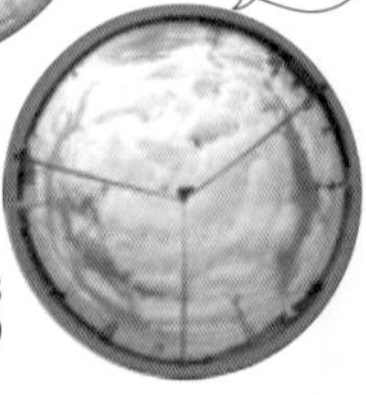

雲量8
（80%）

知りたい！ 今日の天気は？

空を見上げて、今日の天気は晴れか曇りか考えてみましょう。

絵にかいたような晴れ空

暗い雲でも空は青い

曇り空は曇天（どんてん）とも呼ばれる

空が覆われていても、雨が降っていなければ曇り

雲量６や７の「晴れ」だったとしても、雨が降っているときは、「雨」になります。
また雷を伴うと、「雷」になります。

天気雨のときはよく虹が見られる

雲のなかの水や氷のつぶが落ちてきたもの

雨

雲はきわめて小さい水滴や氷の粒でできています。低い所にある雲は、上昇気流によって周りの水蒸気を取り込みながらどんどん大きく、重くなっていきます。水蒸気が空に浮かんでいられないほど集まって地上に落ちてきたものが雨なのです。氷の結晶は地上付近の気温が0度以上の場合、溶けて雨になります。降った雨がそのまま溜まった水の深さを降水量といい、㎜（ミリメートル）で表します。土砂《どしゃ》降《ぶ》りの雨は1時間に20㎜以上～30㎜未満。吹き飛ばされそうに感じる猛烈な雨は降水量が80㎜以上にもなります。

見てみよう

あたたかい雨？

雲の中の水の粒は、上空の温度が０度より低いと氷になります。温帯地域の日本では、この氷の粒が地上近くで溶けることが多いため、冷たい雨になります。一方、熱帯地方では上空の温度が高いので、水の粒のまま落ちてきてあたたかい雨になります。

知りたい！

雨の程度・季節を表す言葉

霧雨《きりさめ》
微小な雨粒（直径0.5㎜未満）による弱い雨。

小雨《こさめ》
数時間続いても雨量が1㎜に達しない雨。

土砂《どしゃ》降《ぶ》り
激しい雨。「バケツをひっくり返したような雨」という表現もされます。

雷雨《らいう》
積乱雲によってできる雷を伴う激しい雨。突風が吹くことも。

秋雨《あきさめ》
秋の雨。長時間降り続くので「秋の長雨《ながさめ》」ともいわれます。

五月雨《さみだれ》
旧暦では5月に現代では6月に、しとしとと降り続く梅雨を指します。

慈雨《じう》
日照り続きのあとに降る雨。「恵みの雨」ともいわれます。

時雨《しぐれ》
晩秋から初冬、短時間に降ったりやんだりする通り雨。

催涙雨《さいるいう》
7月7日に降る雨。七夕に織姫と彦星が会えずに流す涙から。

教えて！

線状降水帯ってなぁに？

最近ニュースなどで耳にする線状降水帯は、積乱雲が列になって次々と発生し、強い雨が降り続く場所が帯状に広がる現象のこと。大雨災害につながるので注意が必要です。

気温や湿度で形を変える

雪

雪が降る仕組みは雨が降るのと同じです。雲のなかの氷の粒が大きく重くなり、上昇気流に逆らって落ちるとき、地上付近の気温が低いと氷は解けずに地上に落ちてきます。これが雪です。雪の呼び名は粉のようにさらさらとした「粉雪」、雪の結晶が集まったボタンの花のような「牡丹雪」、雨と雪が混じった「みぞれ」など。また、雪の結晶は六角形の「角板状《かくばんじょう》」が代表的な形です。六角形が多いのは、水の分子が氷になるとき、六角柱の形でくっつきやすいためです。ほかにもいろいろな形があります。

見てみよう

雪・あられ・ひょうの違い

あられは、雪のまわりにさらに水の粒がついて凍ったものです。ひょうはその氷の粒の大きさが直径5㎜以上のものをいいます。ひょうは雷が鳴るときに降ることが多く、ときには大きさが50㎜ほどにもなって、人や住宅に危害をおよぼすことがあります。

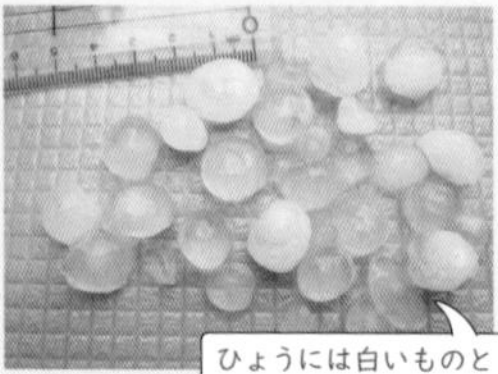

ひょうには白いものと透明のものがある

もっと いろいろな雪の結晶

雪の結晶は100種類以上あり、温度と水蒸気の量でさまざまに変化します。水蒸気が多いとより複雑で繊細な形になります。

樹枝六花状《じゅしろっかじょう》（−12～−17度）

扇状《おうぎじょう》（−10～−20度）

羊歯六花状《ようしろっかじょう》（−12～−17度）

角板状《かくばんじょう》（0～−3度、−10～−22度）

撮影してみよう

必要なもの

- スマートフォン

あれば

- 黒や青など濃い色の生地や紙（冷やしておくと結晶が溶けにくい）
- スマートフォン用マクロレンズ（倍率10倍。100円均一の店でも販売されている）

雪の結晶はスマートフォンで撮影することができます。スマートフォンのカメラのズームを最大にして連写してみましょう。濃い色の生地を敷き、マクロレンズを使えばよりはっきり大きく撮影することができます。

いろいろな形の結晶が混ざって降ってくる

温度の違う空気がつくる空気の移動

風

空気はあたためられるとふくらみ、軽くなって上昇します。上昇すると上空の低い気温に冷やされて、縮んで重くなり下がります。この「空気の動き」が風です。温度の低い空気が、温度の高い空気の下に入り込み、空気が移動することで風が生まれるのです。風として空気が移動する速さのことを風速といい、風速計で測定します。春一番とは、立春から春分までの間（平均して2月下旬頃）に日本海で低気圧が発達し、その年初めて南寄りの強風（秒速8m以上）が吹いて、気温が上昇する自然現象のことです。

見てみよう

昼と夜で風向きが変わる、海風と陸風

海岸では、海からの風が日中に陸地へ吹き込みます（海風）。陸地はあたたまりやすく冷めやすい性質、海はあたたまりにくく冷めにくい性質があり、昼間あたたまった陸地の空気が上昇し、あたたまっていない海上の風が陸地に流れます。夜は陸地と海で気温が逆になるため風向きが変わります（陸風）。

日中に海から陸へ吹き込む海風

知りたい！

風の豆知識

ニュースなどでもよく耳にする、さらに知りたい風についての豆知識です。

風速

風の強さは風速で表します。風速は空気が１秒間に何m動いたかを10分間に吹いた風の平均の値(m/s)で出します。右の写真の風速計は、プロペラの回転数で風速を、胴体の向きで風向きを計測することができます。

春一番

気象庁の定義で「立春（２月４日頃）から春分（３月21日頃）までの期間に広い範囲で初めて吹く、暖かく強い南風のこと」とされています。地域ごとに定める風の強さはまちまちで、基準に満たないと観測なしとなる年もあります。北海道、東北、沖縄地域は気候的にこの定義にあてはまらないので発表は行われません。

突然の強風に注意！

木枯らし１号

晩秋（10月中旬頃）から初冬（11月末頃）の間に初めて吹く、毎秒８m以上の北寄りの風を指します。冬を感じさせるような強い風が東京地方や近畿地方で吹くと、気象庁で木枯らし１号が発表されます。

本格的な冬の訪れを感じさせる風

高速道路の吹き流し

高速道路にはトンネルの出入り口などに吹き流しが設置されています。車はスピードが速いほど風の影響を受けやすいため、風が強いと安全な走行に影響をおよぼします。吹き流しは風が強いほど水平にたなびき、ひと目で風の強さを確認することができます。

風の強さがひと目でわかる

ダブルレインボーが見えたらラッキー!?

虹

虹は、大気中の水滴で太陽の光が屈折・反射することで起きる現象です。雨がやんだあとは、空気中に水の粒がたくさんあるので虹が出やすく、天気雨のときは特にチャンスです。虹は太平洋側で夏、日本海側で春や秋に現れやすく、沖縄では一年を通して見られます。うまく虹と出合うには、雨雲レーダーなどのリアルタイム情報を調べ、雨雲が通り過ぎるタイミングで太陽と反対側の空を観察しましょう。視界が開けたところからは見つけやすくなります。

見てみよう

虹を作ってみよう！

よく晴れた日の朝や夕方に、太陽の光を背にして黒い色の建物や地面に向かってホースの口をつまんで水まきしてみましょう。シャワー状の水に太陽の光が当たり、小さくてきれいな虹が出ます。霧吹きでも代用できます。

教えて!

虹が出る3つの条件

空を見上げて虹が出ていたらうれしくなりますよね。虹が出る条件を知っていれば虹に出合えるチャンスはさらに増えます。

タイミング
雨上がりの直後。とくに夕立や天気雨のあと

方角
太陽と反対側の空（太陽に背を向ける）

時間帯
太陽の位置が高すぎない時間帯（朝や夕方など）

4月15～19日頃は、七十二候という旧暦の「虹初見（にじはじめてあらわる）」という日です。太陽の光が強くなり始め、地域によって差はありますが、虹が現れやすくなる頃です。

いろいろな虹の仲間

環天頂《かんてんちょう》アーク（逆さ虹）
通常の虹を反転させたように見えます。太陽の光が雲の氷の粒に反射してできる虹です。

日暈《ひがさ》
太陽のまわりにできる虹のような光の輪で、ハロともいいます。日暈が出ると天気は下り坂になります。

白虹《しろにじ》（霧虹《きりにじ》）
太陽の光が霧に反射してできた虹。霧は水の粒が小さいので光が重なり合い、白く見えます。

ブロッケン現象
人影の周りに虹のような輪ができる、おもに山で起こる現象です。ドイツの山の名前が由来です。

地球から最も近い天体

月

月は地球にいちばん近い天体です。地球から月までの距離は約38万㎞、大きさは直径３４７６㎞で、地球の４分の１ほど。約１ヵ月で地球の周りを１周します。太陽系の惑星の周りを回る天体を衛星《えいせい》といい、月は地球の衛星です。月には模様があり、日本ではもちをつくウサギに見えるというのが一般的です。しかし同じ月を見てもほかの国ではとらえ方が違います。北米では髪の長い女性、南米ではワニ、北欧では本を読むおばあさん、南欧ではカニ、中国ではヒキガエルに見えるといわれています。

見てみよう

月の裏側はどうなっている？

地球からはいつも同じ月の模様が見えています。それは、月自体が自転するタイミングと地球の周りを回る公転のタイミングが同じためです。いつも見ている面には大きな黒い部分（海）がありますが、裏にはほとんどないそうです。

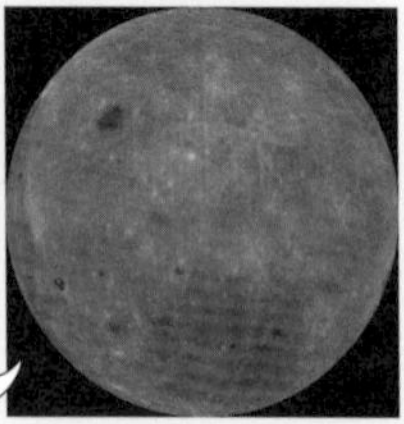

無人探査機クレメンタインが撮影した月の裏側

知りたい!

月にはウサギがすんでいる？

月の表面には黒いところと白いところがあります。日本では「月にはウサギがいてもちつきをしている」といわれてきました。この模様は何でできているのでしょうか？

海（黒い部分）

月の内部にはマグマがたまっていると考えられています。黒い部分は白い部分（陸）に比べると低地で、内部から噴き出した溶岩で覆われた部分です。水分はありません。

「嵐の大洋《たいよう》」

月の海のなかで最も広く、南北の長さは2500kmにおよびます。アポロ12号が月面着陸に成功したほか、無人探査機も着陸しています。

「静かの海」

月の表面にある海のひとつで、平らな部分です。1969年7月20日、宇宙船アポロ11号が初めて月面着陸に成功した地点です。

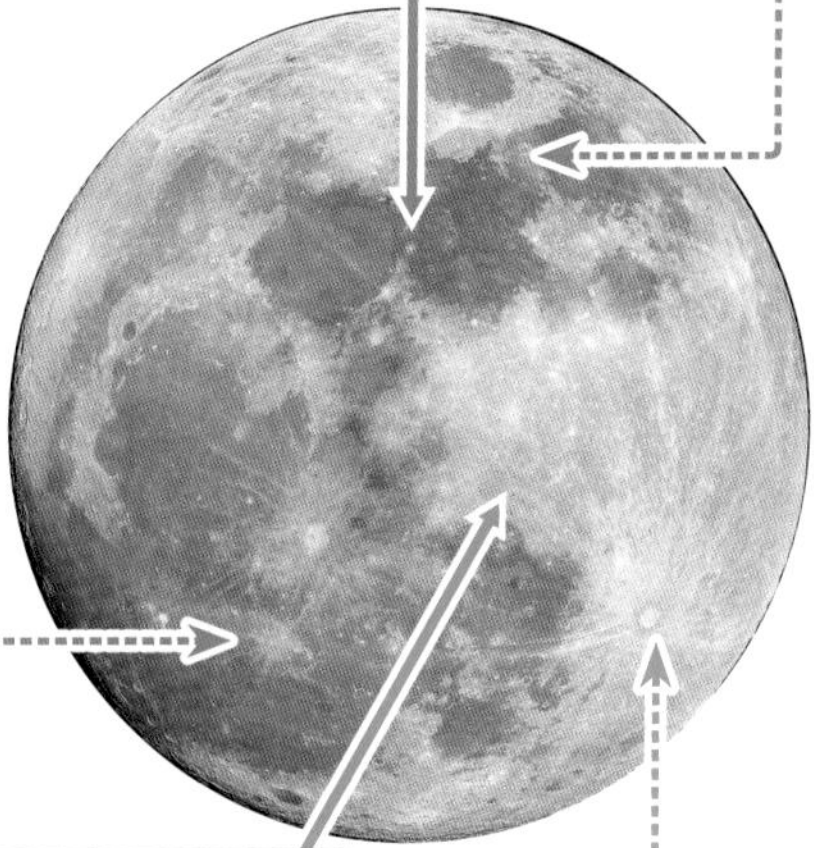

陸（白い部分）

地球と同じように、月も岩石でできています。海に比べると高地で、白い岩石の部分です。クレーターも陸にあります。

クレーター

宇宙をただよう岩石（いん石）が、月に衝突してできた円形のくぼみです。数は数万個にものぼり、大きさは大小さまざまです。

満月は新月から 15 日目

月の満ち欠け

月が三日月、満月などと見た目を変えることを月の満ち欠けといいます。満ち欠けが起こるのは地球から見える太陽と月の位置が変わるためです。月は地球の周りを約30日で1周しています。月は太陽の光を反射して、光っているように見えています。太陽と地球の間に月があるときは、地球から見て月に光が当たっていない影側を見ているので月は見えません。月が移動するたびに光が当たる部分が増えていき、地球から見て月が太陽の反対側にあるときは、太陽の光が当たって月の姿は全部見えるようになります。

見てみよう

月の見える位置も変わる

同じ時刻に見える月は、西から東に向かって 1 日約 12 度移動しています。つまり、15 日後には 180 度見える位置が変わっているということですね。また、地球と太陽、月の位置関係により月がのぼる時間も毎日約 50 分遅くなります。

月が昇る位置、沈む位置は日々変わる

教えて！

月齢と十五夜とは？

月は約30日の周期で満ち欠けを繰り返します。月が見えない状態の「新月」を0として、そこから数えた日数が「月齢」です。月齢15前後は月がまん丸になる「満月」。「十五夜」とは旧暦の毎月15日に見える月のことで、満月でない場合もあります。「中秋の名月」は旧暦8月15日。満月に見立てた月見団子をそなえてお月見を楽しみます。

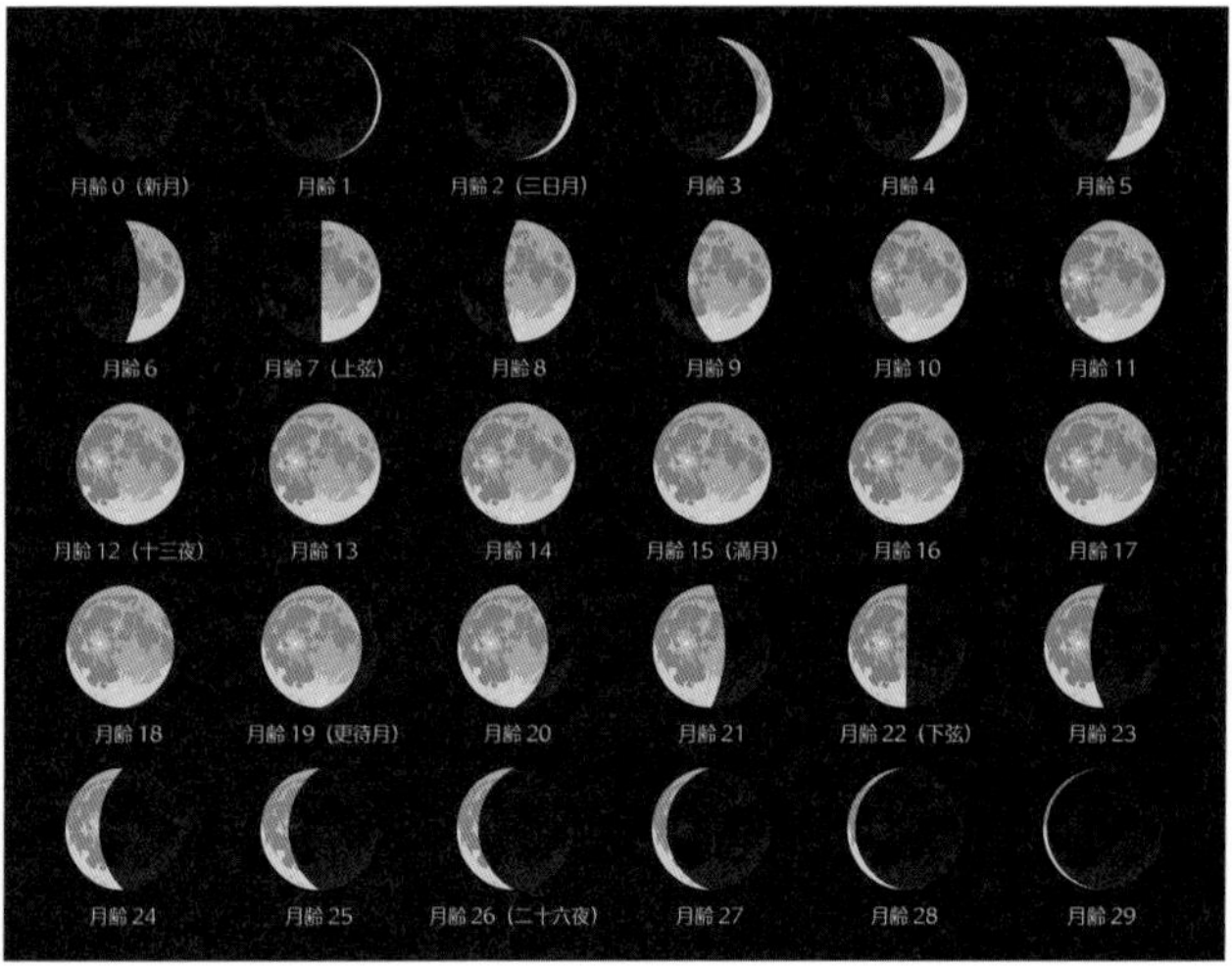

特別な月を見てみよう

地球照《ちきゅうしょう》

月の欠けている部分が、地球に反射した太陽の光で薄く見えることです。見えやすいのは、冬の月齢27から月齢3の期間です。

スーパームーン

１年のうち地球と月の距離がいちばん近くなる満月で、見かけの大きさが最も大きくなるためスーパームーンと呼ばれ、注目されます。

月の暈《かさ》

満月前後の月の周りに、光の輪ができる現象です。月に薄い雲がかかり、雲のなかの水の粒に月の光が反射してできます。

＼特別な日の月と太陽／

知りたい！ 月食・日食を見てみよう

月食

月食は太陽、地球、月が一直線上に重なる満月の頃に起こる、地球の影に月が入ってしまう現象です。

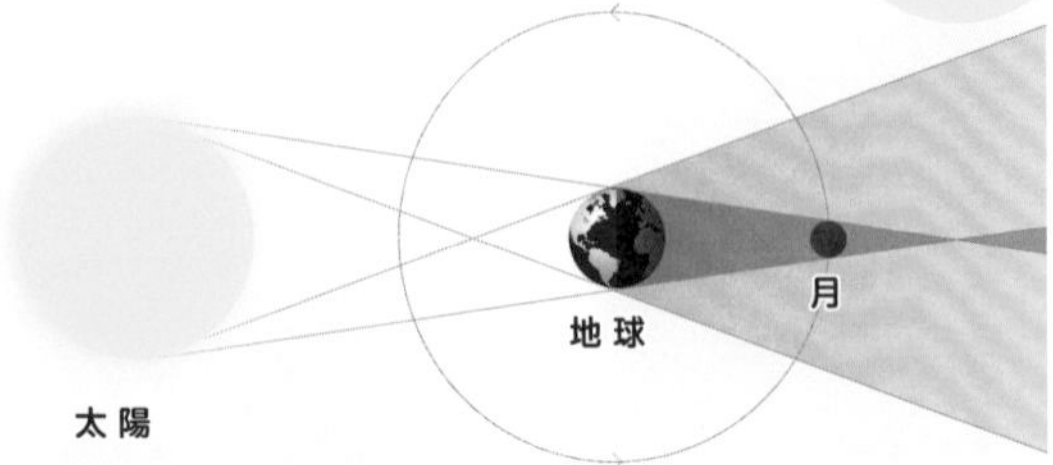

皆既月食

太陽と地球がぴったりと重なって、地球の影に月全部が隠れます。

皆既月食の月の色が赤茶色をしているのはなぜ？

皆既月食では地球の影に月がすっぽりと隠れてしまうのに、真っ暗にはならずに赤茶色に見えます。夕焼け（→ P.24）の説明にあるように、太陽の光が大気を通過すると、青い光は散らばり、波長の長い赤い光は地上に届きます。月食が起こっているとき、地球の大気を通過した太陽の光は屈折して影の部分にも入り込み月を照らします。その光は波長の長い赤い光なので、月が赤く見えるのです。

部分月食

地球の影で月の一部分が隠れます。

日 食

日食は、太陽の光が月に隠される現象をいいます。地球と太陽の間に、月が一直線上に重なる新月の頃に起こります。

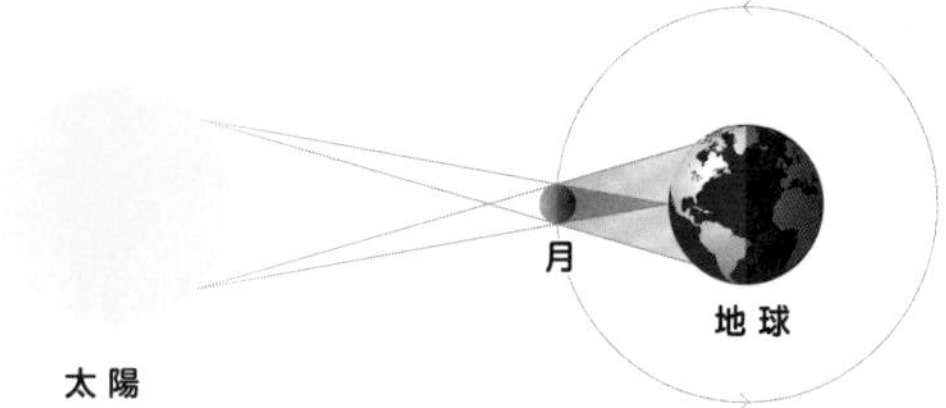

皆既日食

太陽と月がぴったりと重なって太陽全部が隠れます。地球上のせまい範囲でしか見られません。

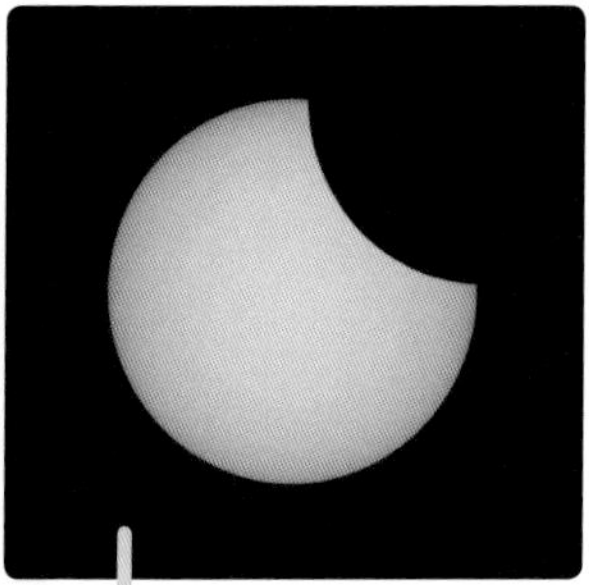

部分日食

太陽が月で一部分だけ隠れます。

金環日食

太陽の周りが金色のリングのようになる現象。月の公転の軌道が少し楕円形になっているため、地球と月の距離がわずかに遠くなったときに見られます。

地上から見える夜空に光る無数の点

星

星は大きく恒星・惑星・衛星に分けられます。恒星は自ら光を放つ水素やヘリウムなどのガス体の天体で、一番身近な恒星は太陽です。恒星の周りを回っている星のなかで、質量があり、自らの重さで丸くなり、公転する軌道上にほかの天体がないものを惑星といいます。太陽系の惑星は水星、金星、地球、火星、木星、土星、天王星、海王星の8つです。地上から見上げて肉眼で見える惑星は金星、火星、木星、土星の4つ。条件がそろえば水星が見えることもあります。太陽以外で最も明るく見える恒星はシリウスです。

見てみよう

星の明るさの表し方

星の明るさは「等《とう》」という単位で表されます。地上から人間の目で見ていちばん暗い星が6等で、6等から2.5倍ずつ明るくなるごとに3等、2等と上がっていき、6等の100倍明るい星が1等です。1等星は全天で21個あります。

知りたい！ 星はなぜ光るの？

恒星は自ら光る星です。星の中心にある水素などのガスが核融合を起こして燃え、それが表面に伝わって光ります。惑星や衛星は自ら光ることはありませんが、軌道の中心にある恒星の光を受けて光っているように見えます。

星の色と表面温度の関係

夜空を眺めていると赤い星や青い星が見えるでしょう。星は表面温度によって色が変わります。この現象を熱放射といい、低い温度から高い温度に向かって「赤→オレンジ→黄→白→青」と変化します。

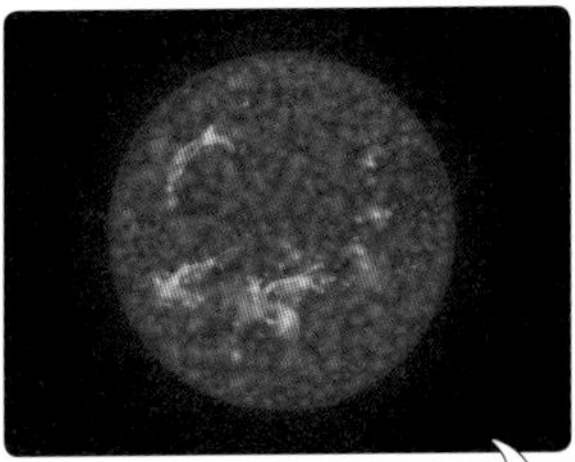
赤い星は 2000 ～ 3000度程度

オリオン座の１等星リゲルは青色

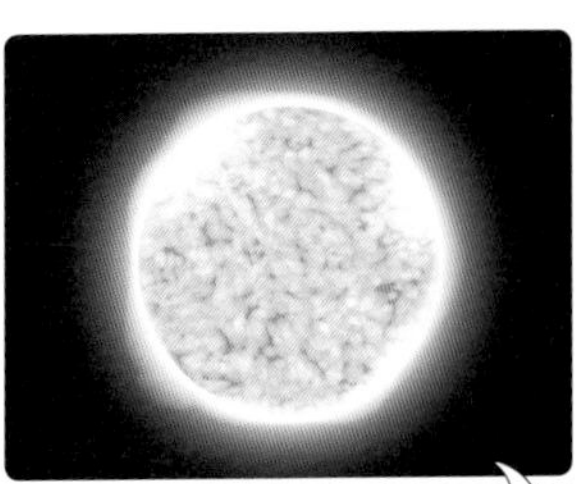
青い星の温度は１万度以上

昔の人が夜空を見て、ものや人に見立てた星の配置

星座

夜空の星が何かの形に似ていると人間が考え始めたのは、今から５０００年前のこと。ギリシャでは『ギリシャ神話』と深く結びついています。ほかの国々もそれぞれ星座を作ったので、星座の数は２００以上にもなり、混乱した状況が続きました。そこで１９２８年、世界の天文学者が集まる国際天文学連合で全天の星座の数を「88星座」と定め、これが現在の世界共通認識となりました。占いに使われる12星座もこの88星座に含まれますが、誕生星座は自分の誕生日には太陽と同じ方向にあるので、地上からは見えません。

見てみよう

宇宙の星の数は？

地球のある太陽系には約5000個の星があります。太陽系がある銀河系には、太陽のような恒星が2000～4000億個あるとされ、仮に2000億の恒星が太陽系の同じような惑星をもつ恒星系とすると、銀河系には5000×2000億＝1000兆個の星があることになります。そして宇宙には銀河系のような星の集まりが２兆個あるとされています。

もっと 季節の代表的な星座

夏の大三角

はくちょう座のデネブ、わし座のアルタイル、こと座のベガの３つの明るい星を結んだ三角形。６月から９月頃に真東の夜空に見え、特に８月上旬の 20 ～ 22 時によく見えます。

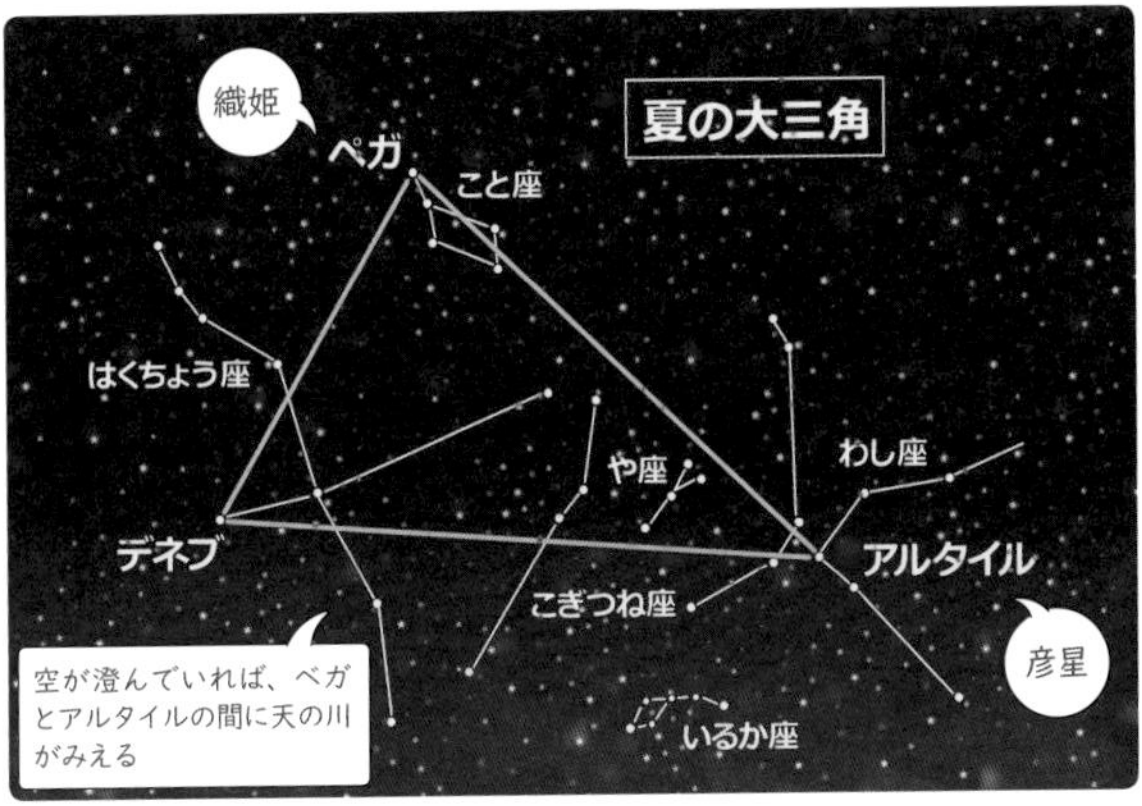

冬の大三角

おおいぬ座のシリウス、こいぬ座のプロキオン、オリオン座のベテルギウスの３つの明るい星を結んだ三角形。夏の大三角に比べて正三角形に近く、特にオリオン座の真ん中にある３つ並んだ星は都会でもはっきり見えます。

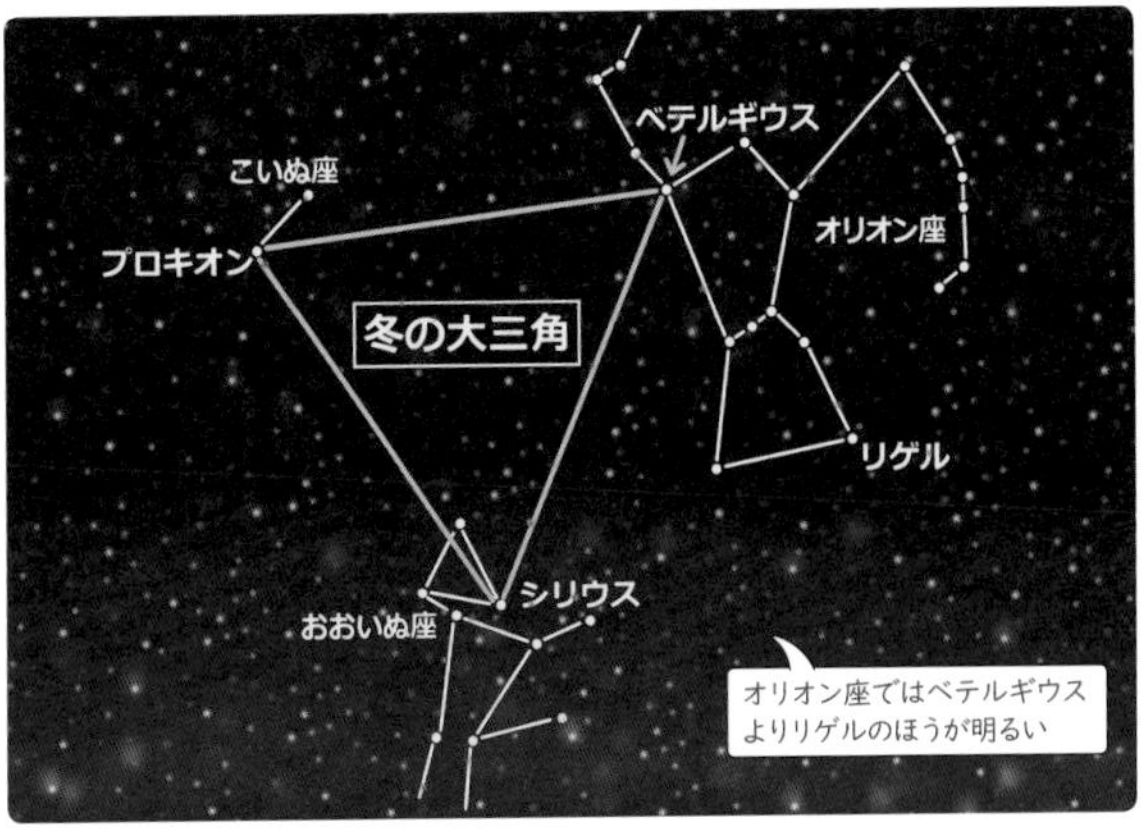

消えるまでに願いを3回唱えると叶う？

流れ星（流星）

流れ星は、宇宙を漂っていたちりが地球の大気圏に突入したときに高温になって放つ光が、一定の距離を移動して消える現象のことです。宇宙に空気はありませんが、大気圏に入ると空気とのまさつでちりは高温になり地上に落ちる前に燃え尽きます。ほとんどのちりは一瞬で燃え尽きるものの5秒くらい輝いて見えることがあります。通常ちりの大きさは1㎜以下ですが、大きくて、特に明るく輝く流れ星は火球と呼ばれ、大気中で燃え尽きずに地上に落ちることもあります。これが「いん石」です。

見てみよう

宇宙のちりはどこから来るの？

100億年ほど前に宇宙で起きた大爆発によっていくつもの元素が生まれ、それが集まった小さな粒が「宇宙のちり」です。ちりは鉄を多く含む石で、粒同士がくっついてすい星や小惑星になりました。宇宙に漂う粒状のちりは地球の軌道上にも浮いています。

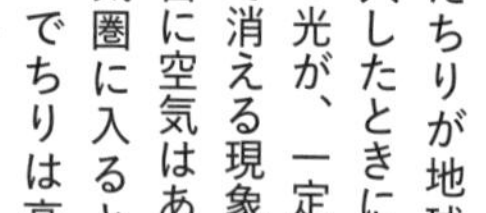

地上に落ちていん石になったちり

知りたい！

流星群を見てみよう

流星群には毎年同じ時期に出現する定常群と、数年から数十年おきに活発に出現する周期群、突然活動する突発群があります。ペルセウス座流星群は定常群、オリオン座流星群は周期群で、どちらも見つけやすい流星群です。

毎年日本で見られる流星群一覧

しぶんぎ座流星群	（12 月末～ 1 月上旬）
こと座流星群	（4 月中旬）
みずがめ座η（エータ）流星群	（5 月連休終わり頃）
みずがめ座δ（デルタ）流星群	（7 月中旬～ 8 月中旬）
ペルセウス座流星群	（7 月中旬～ 8 月中旬）
ジャコビニ流星群	（10 月初旬）
おうし座南流星群	（10 ～ 12 月・特に 10、11 月がよく見える）
オリオン座流星群	（10 月中旬）
おうし座北流星群	（9 ～ 12 月・特に 11 月中旬によく見える）
しし座流星群	（11 月中旬）
ふたご座流星群	（12 月初旬～中旬）
こぐま座流星群	（12 月中旬～下旬）

※この期間、必ず見られるわけではなく、流星数がとても少ない時期も含む

夜空に広がる光の帯

天の川

銀河系は自ら光る恒星が２０００億個集まっている天体で、直径は10万光年あります。星の集団がうずを巻いたようになっていて、真ん中が少しふくらんだ円盤のような形をしています。「光年」とは光が1年かけて進む距離のこと。1光年は約9兆４６０８億kmにもなり、太陽系は銀河系の中心から約2万８０００光年離れています。地球から銀河系の中心に向かって多くの星が存在していますが、遠すぎるため星として判別できず、夜空を横切る光の帯のように見えます。これが天の川の正体です。

見てみよう

天の川は英語でミルキーウェイ（ミルクの道）

飲むと不死身になるといわれる乳を持つ女神ヘラが、夫ゼウスの子・ヘラクレスに乳を与えた際、強く吸われた痛みからヘラクレスを突き飛ばした拍子に乳が舞い散り、天の川になったといわれるギリシャ神話。そこから「ミルキーウェイ」の名がつきました。

ゼウスは絶対的な力を持つ主神。ヘラはその妻で最高位の女神

もっと 季節で違って見える天の川

銀河系は中心にいくほど星が多く、明るく見えます。日本がある北半球は夏の夜に銀河系の中心に向くので夏の天の川は明るく見えます。冬は銀河系の外側を見ているため星の数は少なく、暗く淡く見えます。

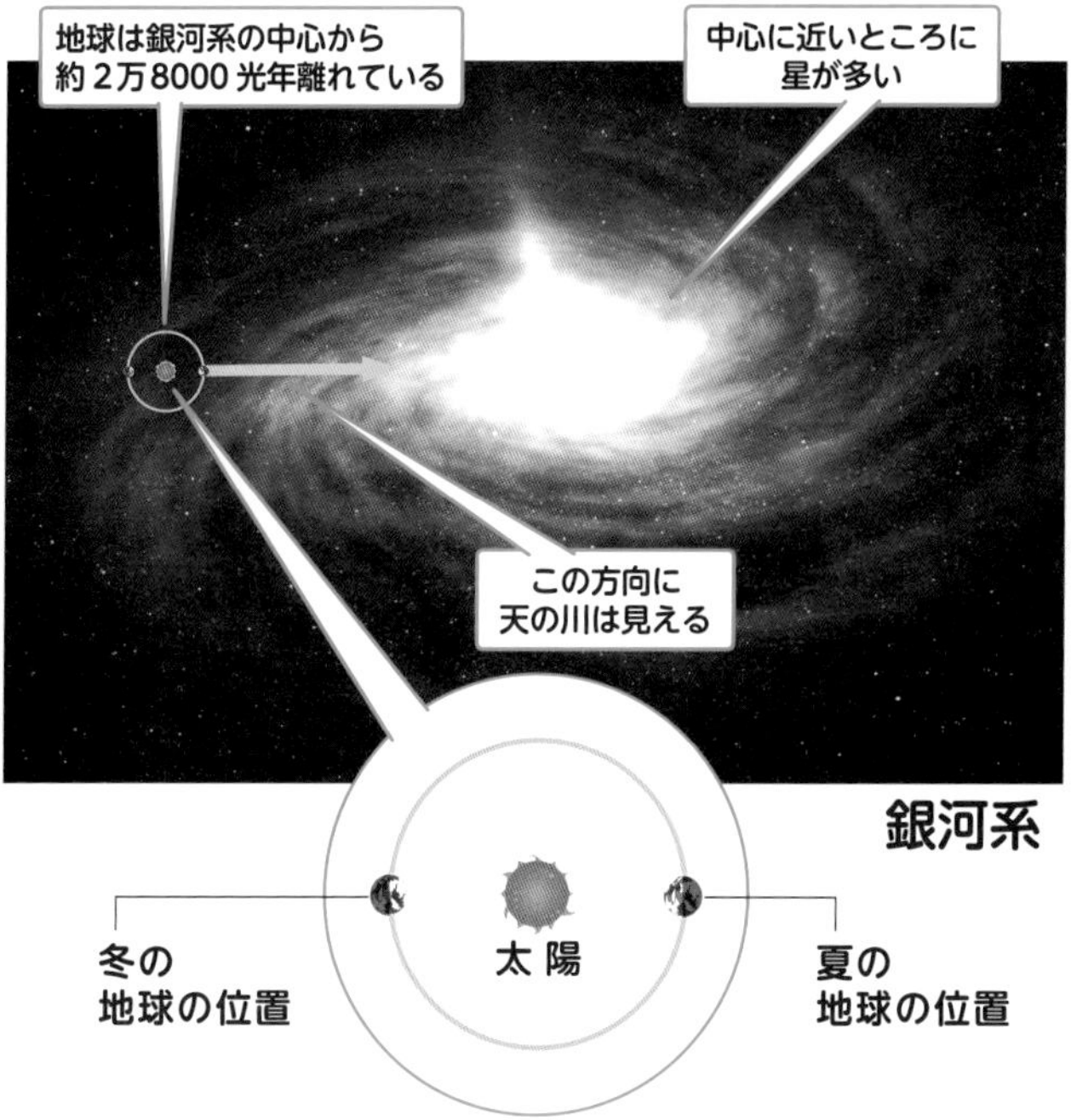

冬の天の川

夏の天の川

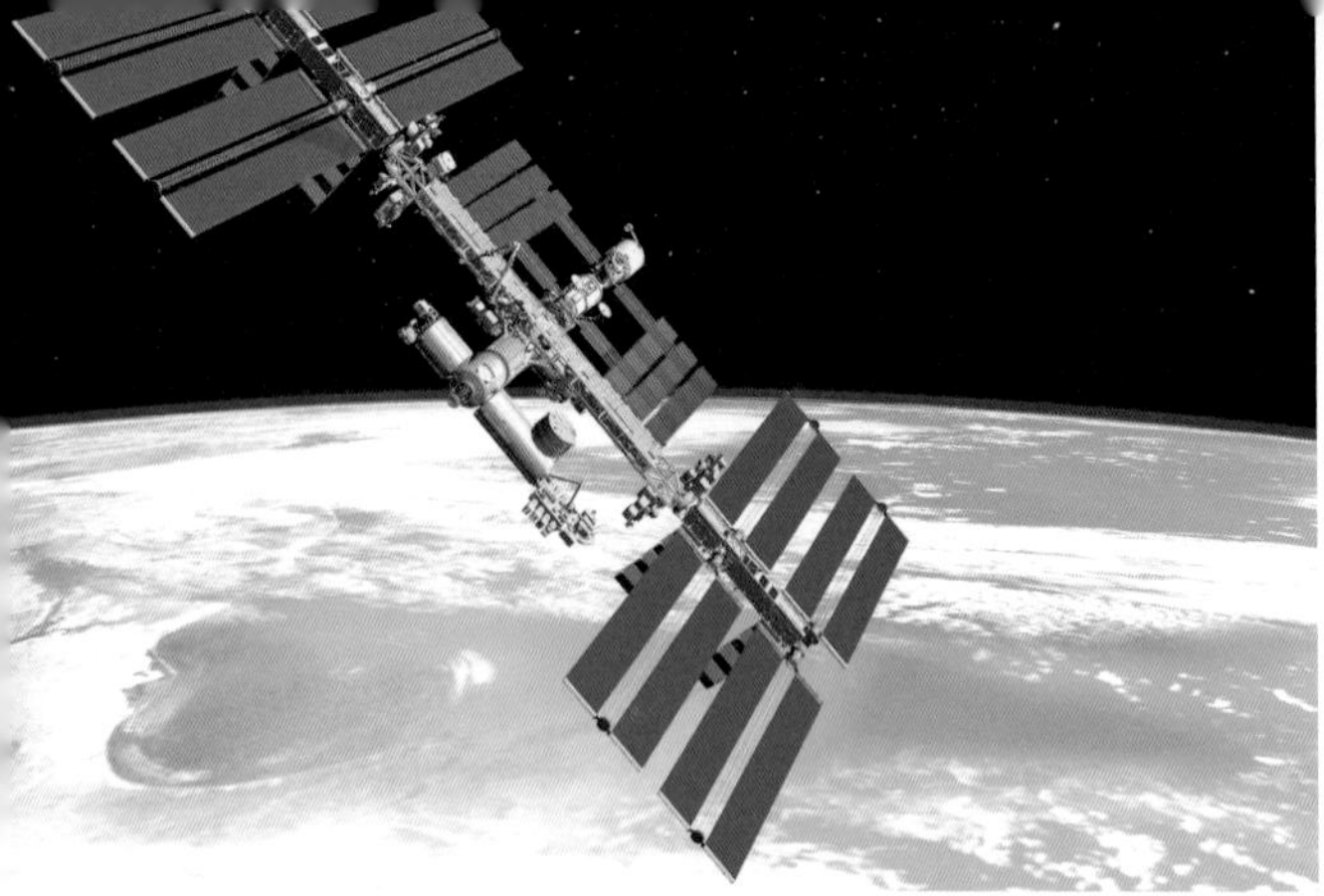

人間によって打ち上げられた人工天体

人工衛星

人工衛星は地球の軌道上を回る人工物です。１９５７年に世界で初めて打ち上げられた人工衛星は旧ソ連の「スプートニク」。日本初は１９７０年に打ち上げられた「おおすみ」です。現在、地球の周りを６０００個ほどの人工衛星が回っていて、夜空を見上げると意外と簡単に見つけることができます。最初は流れ星かと思うかもしれませんが、流れ星のように消えることなく、一定の速度で移動しています。人工衛星には天気を観測する気象衛星や通信を行う通信衛星などさまざまあります。

見てみよう

国際宇宙ステーション(ISS)の役割

宇宙空間で唯一人類が活動する空間で、地上約400km上空に建設された実験施設。世界各国が協力する宇宙活動の拠点になっていて、サッカー場くらいの大きさで、最大７人が暮らせる居住施設や実験を行う仕事場があり、さまざまな研究を行っています。

宇宙空間で作業する「ロボットアーム」や発電のための「太陽電池パネル」もある

知りたい! 人工衛星の軌道って?

人工衛星は地球の周りを回りますが、目的によって軌道が違います。軌道の高度は地上から 200 ～ 1000km の範囲と、3 万 6000km 付近の 2 つに大きく分かれます。放送衛星や気象衛星などは、地球を 1 周するのに地球の自転と同様 24 時間で飛んでいます。

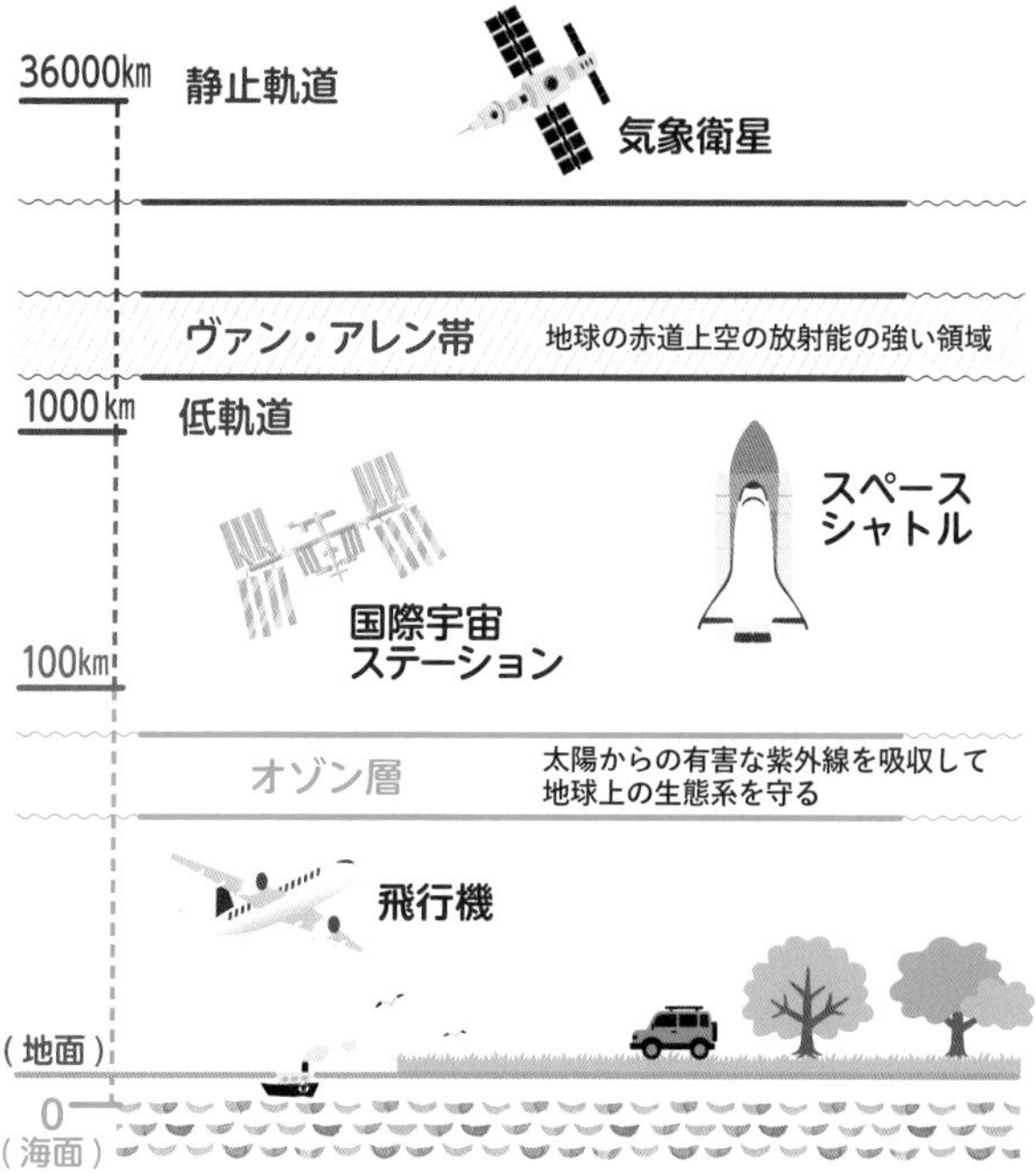

地上から約 3 万 6000km 付近は、この位置にある衛星が地上から見上げるといつも同じところに止まって見えることから静止軌道と呼ばれます。

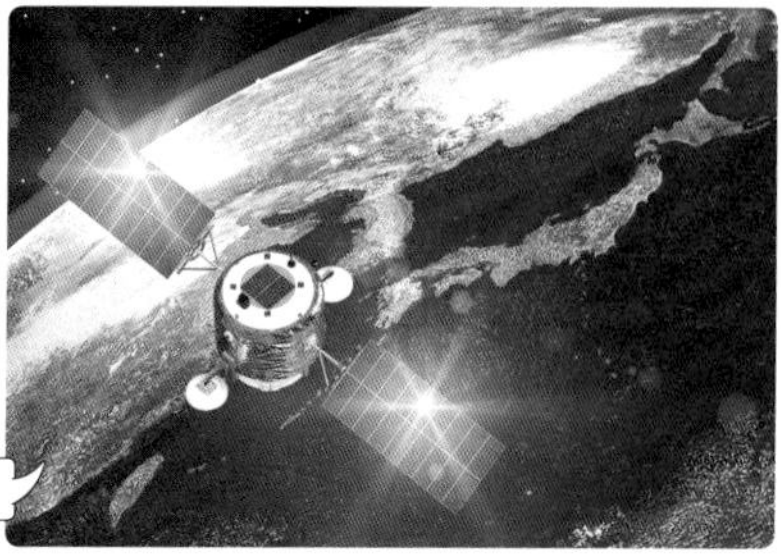
日本上空を飛ぶ気象衛星

知りたい！ 自分の星座を探すには？

公転している地球と太陽の位置は日に日に変わります。地球を中心に置いた想像上の球体（天球）の上を、太陽は 1 年かけて 1 周しますが、この天球を 1 周するときの太陽の通り道を「黄道（こうどう）」と呼びます。星占いに出てくる 12 の星座は、この黄道に沿って並んでいて、生まれた日に太陽が通る星座が誕生星座です。

※星座の境目は占いによってずれることがあります。

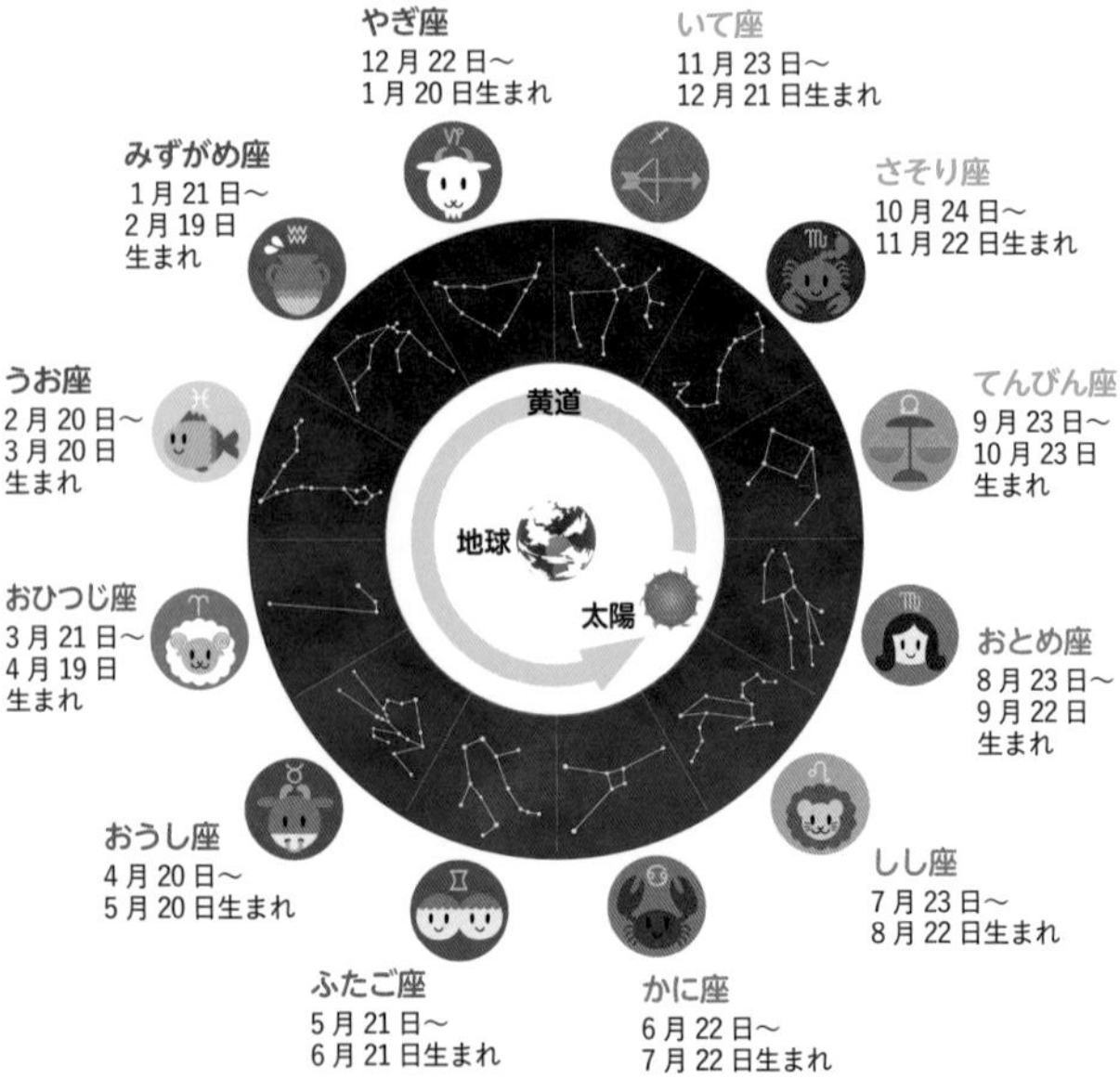

自分が生まれた月に誕生星座を見ることはできません (→ P.54)。誕生星座は誕生日の 3 ヵ月ほど前の夕方、真南の空に出ます。

誕生星座が見える季節

春	夏	秋	冬
かに座	てんびん座	やぎ座	おひつじ座
しし座	さそり座	みずがめ座	おうし座
おとめ座	いて座	うお座	ふたご座

第2章

散歩で見上げる

街中

街中を見上げてみよう

見上げて楽しめるのは空や植物など自然のものだけではありません。特に子どもは街中の意外なものに興味を示すことも多いでしょう。変わった形の建物や何のためにあるのかわからない人工物など、ぜひその用途や目的を調べてみてください。

空を飛ぶ乗り物

飛行機

長い歴史のなかで人間は空を飛ぶ乗り物を開発してきました。ドローンタクシーのような乗り物の実現もあと少しです。

ヘリコプター

高い所を移動する乗り物

ロープウェイ

高層エレベーター

道路や線路を走る以外の乗り物もたくさんあります。その乗り物が何のために使われているかを当てっこしてみるのも楽しいですよ。

背の高い車

働く自動車には背の高いものも多く、目的ごとにさまざまな種類があります。

消防車

2階建てバス

街中に立つ高いもの

高層ビルやそびえ立つ電波塔など、高く造られているのには理由があります。

電波塔

風力発電用風車

街灯

携帯電話の基地局

えんとつ

世界の人々を結ぶ高速の乗り物

飛行機

人が乗って空を飛ぶ乗り物を総称して航空機といい、なかでもプロペラやジェットエンジンなどの推進装置の力で前進し、固定翼に生ずる揚力（上向きの力）によって飛ぶものを飛行機といいます。1903年、アメリカのライト兄弟が世界初の飛行に成功。二度の世界大戦では偵察機や戦闘機として使用されました。当時はプロペラ機でしたが、その後ジェット機が実用化され、戦後は大型の旅客機も登場。現在、ジェット機は国際線、国内線ともに人々の主要な交通機関となっています。

見てみよう

どれくらいの高さを飛んでいる？

「ゴーッ」という音が聞こえて空を見上げると、飛行機が見えることがあります。ジェット機が飛ぶ高さは7.5～11km程度の上空。音が聞こえた時点で機体はかなり先に進んでいるので、離着陸時を除けば地表から10km以上離れていることがほとんどです。

ジェット機の音が届くのは周囲 20km ほど

教えて!

飛行機はなぜ飛べるの?

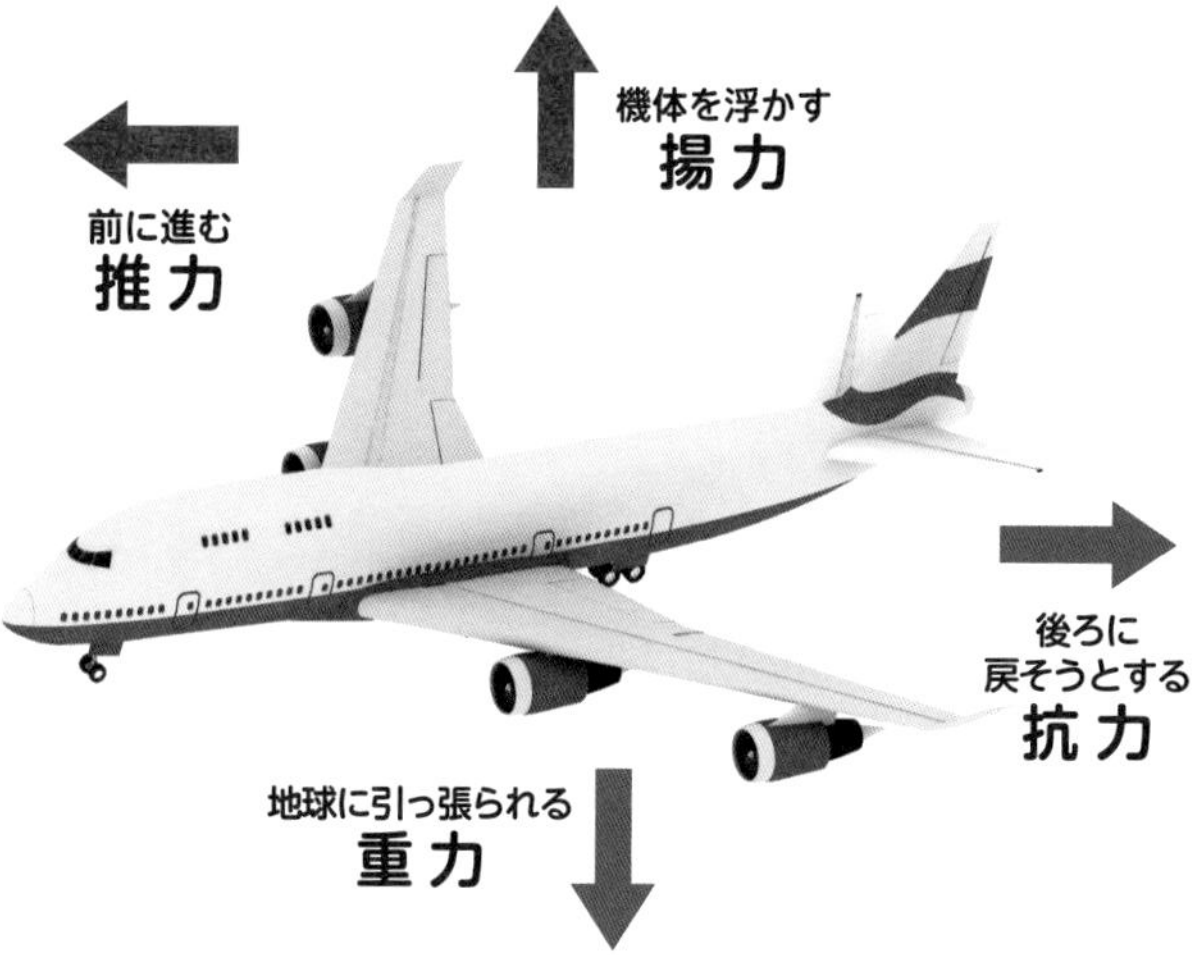

飛行機には4つの力が働いています。**推力**は推進装置を使って前方に進む力です。飛行機が前進することで風を受け、翼を利用して機体を押し上げるように浮き上がらせる力が**揚力**です。**抗力**は機体の前方から吹く風など、抵抗する力のことで、**重力**は地上に引っ張られる引力を指します。世界最初の飛行機は発動機（車に使われているようなエンジン）によって推進力を得ていたプロペラ機です。その後、圧縮した空気を燃やして後方にガスを噴き出しながら前方に進むジェットエンジンを積んだジェット機が誕生し、多くの人を乗せて飛ぶことが可能になりました。

ジェット機は、飛び立つために時速300kmものスピードで滑走路を走る

空中で止まることもできて小回り自在

ヘリコプター

機体の上に取りつけた大型の回転翼（ローター）をエンジンで回転させ、揚力（上向きの力）と推進力（前に進む力）を得る航空機をヘリコプターといいます。基本原理は15世紀末にレオナルド・ダ・ヴィンチが描いたスケッチで、この頃すでに設計されていました。ヘリコプターは飛行機と同じように空中を飛べるほか、滑走路がなくても離着陸でき、さらには左右への横ばい飛行や後退飛行、ホバリング（→P.11）もできるので、物資や旅客の輸送のほか、報道現場やさまざまな救助活動などに利用されています。

見てみよう

ビルの屋上にあるⒽ

ヘリコプターの発着場であるヘリポートがビルの屋上に設けられる場合、標識として大きな円の中にHeliportの頭文字Ⓗが描かれます。いっぽう、緊急救助用スペースにはRescueの頭文字Ⓡが描かれ、着陸はできませんが、ホバリングで救助を行えます。

横浜ランドマークタワーの屋上にあるヘリポート

教えて! ヘリコプターの飛ぶ仕組み

機体の上についている大きなプロペラはメインローター(回転翼)といい、ローターヘッド(回転軸)と板のような形のブレード(→ P.11) からできています。ローターブレードは一枚のプロペラのことで、ヘリコプターには2枚以上必要です。

ヘリコプターはメインローターを高速で回転させて揚力を生み出し、機体を浮かび上がらせています。メインローターの回転面を前方に傾けると揚力が推力に変わるので、前進しながら上昇もできるようになり、この増減によって前進しながら降下することも可能です。同様にメインローターの角度を変えれば左右にも動きます。また、ホバリングは揚力と重力のつり合いが均等になった状態です。

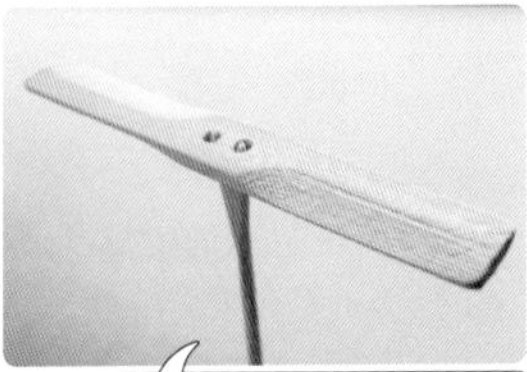

「竹とんぼ」も同じ原理で、回すと空気が下に押し下げられ、揚力によって上空に飛ぶ

上から見たところ

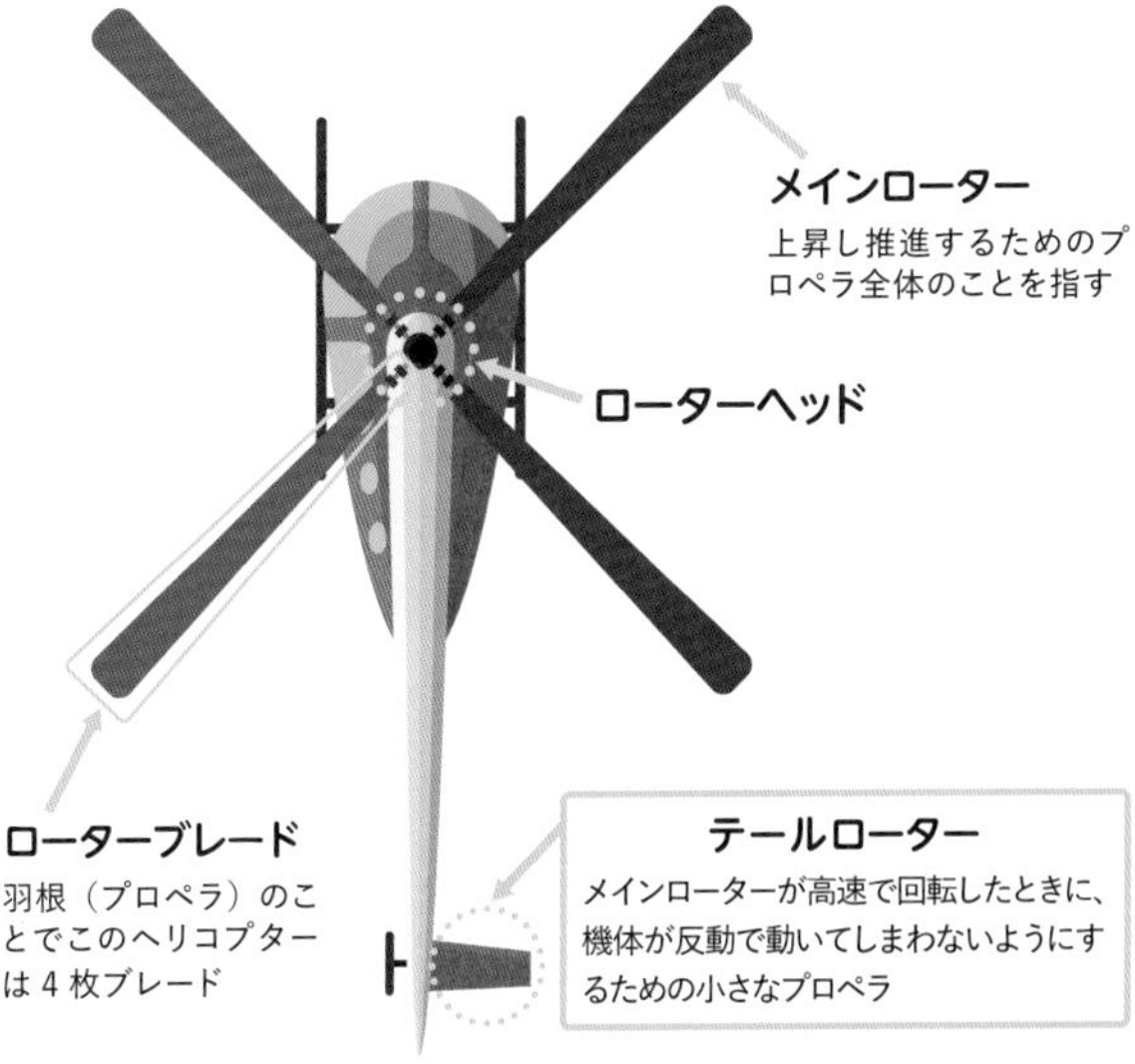

大空にふわりと浮かぶ巨大な風船

熱気球

航空機のうち、翼による揚力やプロペラ、ジェットエンジンなどの推進装置をもたず、空気より軽い気体を利用して浮力を得るものを気球といいます。そのうち、風船状の袋の中に下方からバーナーなどで熱した空気を送り、その浮力で空中に浮いて飛行するものが熱気球です。1783年、フランスのモンゴルフィエ兄弟が巨大な袋の下でわらなどを燃やして、世界初の飛行に成功しました。現在ではレジャー用として観光地で体験できたり、スポーツ用として気球競技の大会で使用されたりしています。

見てみよう

熱気球だけに“熱い”大会?!

熱気球で空中を飛行し、滞空時間や高度、距離、着陸地点の正確さなどを競うスポーツが熱気球競技です。世界選手権が2年に1回開催されるほか、日本国内では佐賀県佐賀市や長野県佐久市、三重県鈴鹿市などで競技大会が行われています。

佐賀インターナショナルバルーンフェスタで離陸する熱気球

教えて!

熱気球の構造は?

熱気球は、球皮《きゅうひ》、バーナー、シリンダー、バスケットの4つの構造に分けられます。球皮は熱気を包む風船部分のことで、バーナーは球皮の内部の空気を温める装置です。シリンダーは燃料となるガスを入れる容器のことで、バスケットはこの計器類や人などを乗せるゴンドラのこと。熱気球は風船内部の空気をバーナーで温めることによって、球皮内の気圧が下がり軽くなる仕組みで空に浮いています。

球皮

球皮の骨格・ロードテープを縦に渡して素材を縫い付けている。球皮の素材はおもに軽いナイロンやテトロン

リップパネル(排気弁)

球皮の丸く開いた天頂部分の穴に付けたフタ。ここに繋がっているリップラインというひもを引くとフタが開き、熱気が抜けて下降する

バスケットとシリンダー

通常、シリンダーはバスケットの中に収められている。使用する燃料はプロパンガスが多い

バーナー

炎をたいて浮力を作る

バーナーが勢いよく球皮内の空気を温めているようす

大活躍の無人の飛行物体

ドローン

近年目覚ましい発展を遂げているドローンは、遠隔操作や自動操縦で動く200g以上の重さのある無人飛行物体です。空からの撮影をはじめ、農薬散布や被災地の調査など多方面で活用されています。小回りを利かせてバランスよく自由に飛べるのは、フロントコントローラー（姿勢制御）が手助けしているから。ドローンにはさまざまな高性能センサーが搭載されていますが、安定走行には、スピードの変化を探知する加速度センサーと機体の傾きを計るジャイロセンサーが作用しています。

見てみよう

日本で唯一のドローン博物館

岐阜県美濃市にある「ドローンミュージアム＆パークみの」は、ドローン製作を行う株式会社 ROBOZ が 2021 年にオープンした博物館。100 機を超えるドローンの展示や屋外飛行場があり、ドローン体験教室も開催されています。

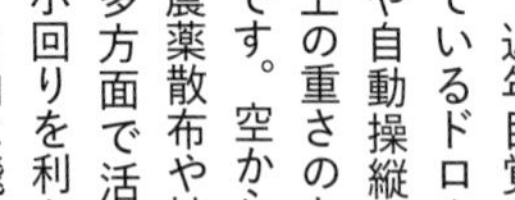

大きなカメラを搭載したドローン

知りたい!

自由自在に飛べるドローンの仕組み

ドローンの隣り合ったブレードは飛行中に回転し合って一定の向きを保っています。また、プロペラひとつにつきモーターがひとつついていて、それぞれの回転スピードや方向を制御しています。

ブレード(プロペラ)
プロペラの回転数によって空気の流れる速度に変化が生じる。すると「揚力」が生まれ、機体が持ち上がる

未来の乗り物、空飛ぶタクシー

大型のドローンに人を乗せて運ぶドローンタクシーの開発が世界中で進められています。電気で動き、運転手が搭乗しない自動操作が想定されています。法律の整備など課題はありますが、渋滞知らずの新しい移動手段として実用化が期待されています。

※この写真はイメージ図です。

高い所の火災に役立つ消防車

はしご車

火事や災害時に出動する消防車のひとつです。はしご車は高い建物に取り残された人の救助や高い場所への放水で活躍します。はしごは長いもので50mほどになり、ビル15階分に相当。巨大なはしごを支えるため大きな車両になっています。はしごは360度旋回させたり伸び縮みさせたりと自在に動かせます。先端のバスケットという部分に消防士を乗せて運ぶほか、リフターという自動昇降機で伸ばしたはしごを上っていくことも可能です。一刻を争う火災現場や人命救助の場面などで広く活躍します。

見てみよう

狭い場所では片側だけ張り出すこともある

はしごを安定させる縁の下の力持ち

はしごを伸ばしたはしご車は、倒れる危険があります。そこで「アウトリガー」と呼ばれる部分を左右から張り出して車体を支えます。はしご車には必ずあるので、これが見えたらこれからはしごを伸ばそうとしているところかもしれません。

暮らしのなかのあらゆる高い場所で活躍

高所作業車

電柱や電線など屋外にある電気設備の整備や、ビルの外壁修理、街灯やトンネルの電球交換など、高いところの作業全般に使われる車。樹木のせん定や引っ越し、映画やドラマの撮影などでも活躍します。伸び縮みするブームやシザーズの先端にバスケットがついているのが基本形です。作業者が乗るバスケット部分は常に水平に保たれ、安全に作業ができるようになっています。ブームの高さが40mに達する大型のものから、屋内作業で使う小型のものまで、用途に応じて大きさや形はさまざまです。

見てみよう

橋の安全確認に不可欠の橋梁《きょうりょう》点検車

高所作業車のうち、橋の裏側を確認できるよう、ブームが特殊な形に曲がるものを橋梁点検車といいます。川が流れていて普通の高所作業車が橋の下に行けない場合などでも作業できます。私たちの通行の安全はこうやって守られているのですね。

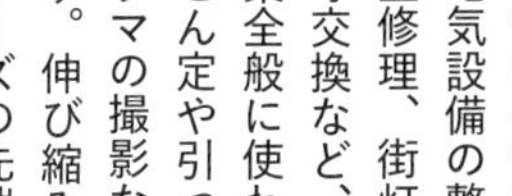

点検用ハンマーでコンクリートをたたいて安全確認を行う

工事現場に欠かせないワイルドな運び屋

ダンプカー

ダンプは英語で「どさりと下ろす」を意味します。この名が表すように、トラックのなかでもベッセルという荷台を後ろや横に傾けて、土砂や岩、建設資材などたくさんの積み荷を一度に下ろせるのがダンプカーです。ダム建設などの大規模土木工事に使われる超大型の重ダンプカーなど、100t以上の荷物を積むことができる巨大なものも存在します。ベッセルを傾けるには、少ない力を大きな力に変える油圧シリンダという装置が使われています。

見てみよう

世界最大級のダンプカー

石川県小松市の「こまつの杜」に展示されている「930E」は、高さ7.3m、重さ202tの超巨大ダンプカー。建設機械メーカーのコマツ社製で、無人運行システムを採用しています。海外の鉱山などで約2000台が活躍中ですが、日本で見られるのはここだけです。

2階建ての家の屋根よりも高く、まるで小高い丘のよう

2階の最前列が眺めのいい特等席

2階建てバス

車内が2層に分かれた2階建てバスは、内部の階段で行き来できる日本では数少ない珍しいバス。床面積が広いので乗車人数が多いことと、地上高3m以上にもなる眺望のよさが利点です。2階からの眺めがいいことから、おもに観光バスとして利用されています。とくに2階の天井がないものをオープントップバスといい、街路樹や鉄道の高架がすぐ近くに迫る、迫力ある景色を楽しめます。2階建てバスは海外では路線バスとして使われているところもあり、イギリスのロンドンや香港のものがよく知られています。

見てみよう

道幅が狭い場所を通るため縦に長い

香港ではトラムも2階建て

香港ではバスだけでなく、地面に敷かれたレールの上を走るトラム（路面電車）も2階建て。香港島北部の活気ある通りをレトロな趣のある車両がガタゴトと走り、街のシンボルとして、地元民だけでなく観光客にも親しまれています。

高所を走る 1 本レールの列車

モノレール

高架上にある1本のレールを使って走る列車をモノレールといいます。都市の周辺や公園の周囲を回るものなど、比較的短い区間を走る路線に設置されています。レールの上にまたがる「跨《こ》座《ざ》式」と、ぶら下がる「懸《けん》垂《すい》式」があり、どちらにもゴムのタイヤが使われ、音が静かで傾斜に強いのが特徴です。動力は電気で、レール脇に配された電線から取り入れてモーターを動かします。高所を走るので踏切がなく、車内からも楽しむことができます。

見てみよう

日本で最後に開通した鉄道

日本の 47 都道府県で最後まで鉄道がなかった沖縄県に、路線が開通したのは 2003 年のこと。那覇空港から那覇市内を結ぶ沖縄都市モノレール（ゆいレール）です。現在は浦添市までルートが延びており、現在の路線の長さは 17㎞です。

モノレールに乗りに行こう！

車両がレールにぶら下がっている懸垂式は積雪に強く、カーブを高速で走ることができます。また、跨座式は比較的単純な構造でできているので、建設費が安く狭い敷地に建設できるというメリットがあります。

懸垂式

千葉モノレール

全長距離 15.2m で懸垂式モノレールとしては世界最長を誇ります。窓ガラスの大きい都会的な車両「アーバンフライヤー」も人気。

湘南モノレール

激しいアップダウンあり、急カーブあり、トンネルありの湘南モノレールはジェットコースターとも呼ばれ、アトラクション感満載です。

跨座式

大阪モノレール

大阪空港から門真（かどま）市駅までの本線と、途中の万博記念公園駅から彩都西駅までの総距離 28kmは、日本最長のモノレールです。

東京モノレール

東京の中心地にある浜松町駅から羽田空港を結びます。車窓からは広い空と飛行機、東京湾の景色を楽しむことができます。

多摩モノレール

東京・東大和市の上北台駅と多摩市の多摩センターを結びます。市民の足として1日平均乗客数は 14 万人を超えます。

山でお世話になる乗り物

ロープウェイ

山の斜面に鉄塔を立ててその間にロープを張り、滑車をつけたゴンドラを吊り下げ、それを別のロープで引っ張って斜面を往復する乗り物です。山の多い日本では、簡単に山の上に行ける乗り物として、各地で見ることができます。始発駅または終着駅にモーターがあり、電気を使って巻き上げ機を回してロープを引っ張っています。ロープウェイには、2つのゴンドラが交互に往復する「交走式」と、たくさんのゴンドラが一定方向に回る「循環式」があり、利用方法や地形などを考慮して設置・運行されます。

見てみよう

人力ロープウェイ「野猿《やえん》」

奈良県十津川村や、徳島県三好市には「野猿」という人力ロープウェイがあります。川をはさんで張られたロープに人が乗る「屋形」が吊られていて、引き綱をたぐり寄せて対岸に渡る手動のロープウェイです。かつては地元住民の大切な交通手段でした。

徳島県の奥祖谷（おくいや）二重かずら橋公園

ロープウェイに乗りに行こう！

人や物資を運ぶのに使われ、山間部の大切な足となるロープウェイ。九州から北海道まで日本各地で幅広く活躍しています。

立山ロープウェイ

途中に支柱が1本もない「ワンスパン方式」。日本ではガーラ湯沢スキー場とここの2か所だけです。

新穂高ロープウェイ

岐阜県高山市の北アルプス穂高岳にあります。日本で唯一の2階建てのゴンドラです。

駒ヶ岳ロープウェイ

中央アルプスから千畳敷～木曽駒ケ岳まで掛けられた、日本一高低差のあるロープウェイです。

かんざんじロープウェイ

日本で唯一湖上を渡るロープウェイ。360°静岡・浜名湖の絶景を眺めることができます。

黒玉子運搬用ロープウェイ

箱根名物・大涌谷の黒玉子は温泉池でゆでられるとすぐ熱々のまま運ばれ、販売されます。

ヨコハマエアキャビン

横浜のみなとみらい地区を走る日本初の都市型循環式ロープウェイ。景観を楽しみながら空中散歩できます。

引っ張られて山を登るミニ鉄道

ケーブルカー

山などの斜面に線路を敷き、ケーブルをつないだ車両を引き上げたり下ろしたりして動かす乗り物です。車両自体に動く装置はなく、山の上にある巻き上げ機でケーブルを引っ張って動かします。線路は単線ですが、中間点のみ複線となっており、これをターンアウトといいます。上下する2つの車両はここで別々の線路を通ってすれ違うので、ぶつかることはありません。乗車の際には、車両のなかで最も低い場所（上りは最後部、下りは最前部）に乗ると山の眺めを存分に楽しめるでしょう。

見てみよう

街の中を走るケーブルカー

ケーブルカーが走るのは山の上だけではありません。日本にはありませんが、坂が多い地域では街中をケーブルカーが走っている国があります。なかでもアメリカ西海岸の都市、サンフランシスコを走るものが有名です。

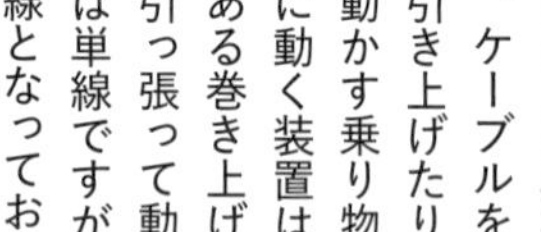

観光のアトラクションとしても人気のケーブルカー

人々を素早く目的階まで運ぶ

エレベーター

高層ビルやデパートなど、建物内の移動に便利なエレベーターは、人や荷物を乗せたかごを、おもに垂直方向に動かす装置。外が見えるタイプはシースルーエレベーターと呼ばれます。一般的な「ロープ式」は、かご（人が乗る部分）とおもりをワイヤーロープの両端に吊り、屋上のモーターで間のロープを引っ張って動かします。揺れを抑えるために、かごは左右に取り付けられたレールに沿って上下します。乗客がスムーズに各階にたどり着けるよう、見えない部分でさまざまな工夫が凝らされています。

見てみよう

下りる階を間違えて押してしまったら？

メーカーによって操作方法は異なりますが、押し間違えた階のボタンを再度押したり、長押ししたり、何度か押したりすることによってキャンセルできるものがあります。覚えておけば、いざというときに役立つかもしれません。

不用意には押さないように！

上から見下ろすのも楽しい

高層ビル

鉄筋コンクリートなどで高く造られる建築物が高層ビルです。数十の階からなり、限られた広さの土地でも多くの人が働いたり暮らしたりできるという利点から、人口が多い都市部や交通の便がよい駅前などに見られます。明確な決まりはありませんが、高さ31mを超えるものを高層ビル、100mを超えるものを超高層ビルということが多く、超高層ビルは天に届きそうなことから「摩天楼」とも呼ばれます。「世界一高いビル」の建設競争は世界各地で行われており、その記録はどんどん塗り替えられています。

見てみよう

高層ビルの窓ふき掃除

最初はピカピカのビルも、ほこりや排気ガスなどで次第に汚れていきます。そこで必要となるのが窓ふき掃除。作業員がブランコやゴンドラに乗るものや、ロープで吊られて行う方法があります。最近では窓ふき掃除ロボットも開発されています。

ゴンドラの操作には国家資格が必要

知りたい！ 高層ビルQ&A

Q 現在世界で一番高い建物は？

A アラブ首長国連邦・ドバイにある「ブルジュ・ハリファ」で高さは828mです。

ブルジュ・ハリファ

Q 日本で最初の超高層ビルは？

A 東京の「霞が関ビルディング」は1968年施工、当時は高さ147m 36階建てで、日本で一番高い建物でした。

霞が関ビルディング

Q 高層ビルは何に使われてるの？

A オフィスや住宅のほかにも、ホテルや店舗など多くの人が利用できるよう幅広い用途に合わせて使われています。

東京ミッドタウン八重洲

高層ビル内に小学校！

東京にある超高層ビル「東京ミッドタウン八重洲」内の低層階には中央区立城東小学校が入っています。陸上トラックも備えた校庭の屋根は開閉式で、ビル内にはほかに体育館やプール、屋上には菜園や水田も設置されています。

Q 地震や津波の多い日本で高層ビルを建てるのは難しい？

A 昔は難しかったかもしれませんが、現在は構造設計、コンクリート強度、また揺れを吸収するダンパーなど、制震技術の進歩によって、建設は可能です。

世界一高い建物が日本にできる!?

東京湾近くに「スカイツリー」の2.7倍以上にもなる1700mの高層ビルを建てようとする構想があります。仮想的事案ではありますが、建物に空気が通るための隙間ができるようにらせん構造にするなど、強風対策・高さ対策もさまざまに検討され、実現すればブルジュ・ハリファよりもはるかに高い、夢のような超高層ビルが建つかもしれません。

（2023年7月現在）

時代の技術を集結し天高くそびえる

タワー

高層建造物のうち、地面に接する面積の比較的小さいものがタワー（塔）と呼ばれます。日本で塔といえば、昔はお釈迦様の骨を安置するための仏塔のことでしたが、現在はさまざまな役割の塔が存在します。周辺を眺められる展望塔、電波送信のための電波塔などがあり、記憶や願いを託して建設される記念塔もタワーの一種です。地震が多い日本では、建物は揺れに強いことが重要。強度が高く、揺れを軽減するしなやかさをもつさまざまなタワーが建てられています。写真は九州・福岡市の「博多ポートタワー」です。

見てみよう

法隆寺五重塔の優れた耐震設計

奈良の法隆寺五重塔には「心柱」という中心柱があり、屋根のみが心柱に接しています。これは地震の際に、各階の建物と心柱の揺れが互いに打ち消し合うように設計されたためです。この技術は現代の東京スカイツリーにも取り入れられています。

1300年以上前に建てられた
現存する世界最古の木造建築

展望台のあるタワーに行こう！

展望塔や電波塔など、日本国内にはたくさんのタワーが建てられています。天高くそびえる姿は街のシンボルにもなっています。

東京スカイツリー（634m）

東京・墨田区にあり、自立式電波塔としては世界一の高さを誇る。展望回廊は地上450mの位置にあります。

634mなので、「ムサシ」と呼ばれる

東京タワー（333m）

東京・港区にあり、今も昔も東京のシンボルとして国内外から多くの人が訪れます。現在は予備電波塔としての使用も。

真下からの眺めは迫力満点

神戸ポートタワー（108m）

兵庫・神戸市にあるつづみ型のユニークな形をした展望タワー。20分で一周するスカイラウンジがあります。

国の登録有形文化財にも指定されている

通天閣（避雷針を含めて108m）

大阪市を代表する展望塔で観光スポット・新世界のシンボル。幸福の神様・ビリケン像もまつられています。

賑やかな「新世界」の真正面に鎮座する

福岡タワー（234m）

地上123mの展望台からは博多湾をはじめ360度が見渡せます。福岡市にある日本一高い海浜タワーです。

日本の「夜景100選」にも選出

五稜郭タワー（避雷針を含めて107m）

北海道・函館にある展望塔。函館山や津軽海峡だけでなく、眼前の特別史跡・五稜郭を臨めます。

星型に見える五稜郭

高層ビル建設に欠かせないのっぽの力持ち

タワークレーン

クレーンは荷物を吊り下げたり、持ち上げて移動させる機械。さまざまな種類があり、ビルや大型建造物を建てるのに使われるものはタワークレーンと呼ばれます。マスト（支柱）の上に旋回可能な本体が乗り、ジブ（腕）の先のワイヤーに付いたフックに建設資材などをひっかけて運びます。地面に設置しマスト部品を継ぎ足して伸びていくタイプと、建物に設置して建設が進むにつれ上がっていくタイプがあり、超高層ビルで用いられるのは後者です。航空機などからもよく見えるように色は目立つ紅白です。

見てみよう

日本でいちばん高い建築物

東京スカイツリーの建設でも活躍

第一展望台（375m）までは3基、それより上では4基の特別仕様のタワークレーンが使われ、最大32tの資材を420mの高さまで吊り上げられるものもあったそう。クレーンの設計には暴風や地震に備えてさまざまな安全対策がとられました。

電気の通り道「送電線」を支える鉄塔

送電用鉄塔

私たちの暮らしに欠かせない電気。電気は発電所から高い電圧で送り出され、いくつもの変電所を経て電圧を下げていきます。その電気が流れる送電線を支えているのが送電用鉄塔です。電圧を高くする理由は、送電線の抵抗によって電気の一部が無駄になってしまうため。電圧が高いほど大きな鉄塔が必要で、なかには１００ｍを超える巨大なものもあります。最後の変電所を通った電気は、私たちの住居などに送られます。ただし、大都会には鉄塔を立てる場所が少ないため、送電線は地下を通っている場合もあります。

見てみよう

陶器でできた碍子《がいし》を探そう

電線に電気が流れているのに、鉄塔に流れていないのはなぜでしょうか。それは電線と鉄塔の間に碍子という、電気を通しにくいもの（絶縁体）を挟んでいるためです。碍子は太陽光や温度変化による劣化が少ない陶磁器でできています。

いろいろな形の碍子がある

くるくる回って風から電気を作り出す

風力発電用風車

海岸や野山など周囲が開けた場所で、気持ちよさそうに回る風力発電用の風車。３枚のブレード（羽根）をもつプロペラ型が最も一般的で、ブレードの回転がその後ろの発電機に伝わり電気が作られ、電力ケーブルを通して変電所に送られます。風は石油や天然ガスなどと違って、なくなる心配のない再生可能エネルギー。二酸化炭素を排出しないなど環境にもやさしいため、未来のエネルギー源として期待されています。ただし、風力による日本の発電量は、まだ全体の約１％未満にとどまっています。

見てみよう

日本でも洋上風力発電の導入を計画

海上で行う風力発電を洋上風力発電といいます。イギリスなどのヨーロッパで多く導入されていますが、日本でも2050年のカーボンニュートラル（温室効果ガスの排出量実質ゼロ）の目標に向けて、洋上風力発電の導入拡大が計画されています。

洋上風力発電の風車は、陸上のものより大型

景色の変化を少しずつ楽しめる

観覧車

ゴンドラを吊るしたフレームがゆっくりと回る観覧車は、公園や商業ビルなど、遊園地以外でも見られます。４つのタイヤでフレームを挟み、それをモーターで回転させて動かすタイプが一般的。最初の観覧車の記録は17世紀前半、当時オスマン帝国領だったブルガリアのもので、木製の輪にブランコを吊るした人力の遊具でした。１８９３年、アメリカで行われたシカゴ万国博覧会に、電力で動く世界初の観覧車が登場。日本では１９０６年、大阪の日露戦争戦勝記念博覧会に設置されたのが最初と考えられています。

見てみよう

日本一と世界一の観覧車は？

日本最大の観覧車は、大阪の「エキスポシティ」にある「レッドホース・オオサカ・ホイール」。高さ123mで、一周約18分。ゴンドラの床は透明でスリル満点です。世界一はアラブ首長国連邦の「アイン・ドバイ」で、高さ250m、一周は約38分かかります。

円が大きいほど一周するのに時間がかかる

電気のある暮らしを支える柱

電柱

電柱とは空中に張った電線を支えるための柱（電信柱）のことです。電線のうち、発電所から変電所に向かって電気を高い電圧で送るものを「送電線」、変電所から家やビルなどに向かって少量の電気を低い電圧で送るものを「配電線」といいます。一般的に、送電線を支えるものが鉄塔で、配電線を支えるものが電柱です。電柱の種類は、その素材によって木柱、コンクリート柱、鋼管柱（円筒状の鋼板に亜鉛をメッキしたもの）、鉄柱があり、強度やコスト、電線の重さによってどの形式を使うかが決められます。

見てみよう

将来は電柱がなくなる？

電柱は街の景観を損ねたり、災害時に倒壊したり、電線が垂れ下がったりする危険性があるため、近年では電線を地中に埋める工事が行われています。2016年には「無電柱化の推進に関する法律」が成立し、政府もこの取り組みを進めています。

電柱がないと空が広く見える

交通の安全を確保するためにシグナルを送る

信号機

信号機は、色や光、形、音などの一定の符号によって、主として車両、または人へ信号を伝えるための交通信号用の機械です。鉄道用と道路用とに分かれ、色灯や腕木《うでぎ》（木製の手動式）が用いられます。鉄道用としては、明治時代に日本初の鉄道が開通したとき、腕木式信号機が用いられました。道路用は、おもに交差点における通行優先権を割り振るためのもので、赤、黄、緑の色灯が一般的ですが、用途に応じて緑や黄の矢印がついたものもあります。また、歩行者専用のものは、赤と緑の2色となっています。

見てみよう

雪国には縦型の信号機も

車両専用の信号機は横型が一般的ですが、雪の多い地方では縦型も多く見られます。これは信号機が積もった雪の重さで壊れることを防ぐため。また、表面が平らなタイプの信号機を斜め下向きに設置するなど、さまざまな工夫がされています。

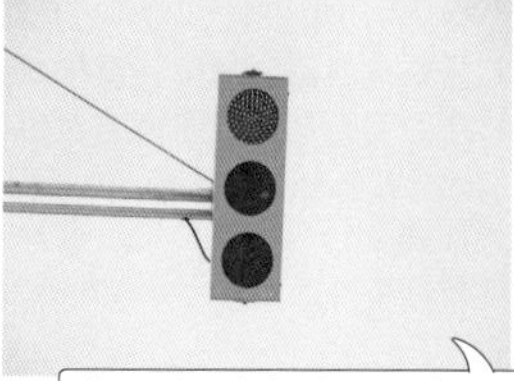

縦型の信号機では赤がいちばん上

暗い道を照らして安全を守る

街灯

道路をはじめ、広場、公園などを、日が落ちた後に照らすための照明器具のことです。日本では、古くは江戸時代に木製の辻行灯《つじあんどん》がありました。1872（明治5）年には横浜でガス灯が初めてともり、その後、主要都市に普及していきました。電灯もその10年後には初めて点灯しましたが、実際に普及したのは昭和に入ってからです。電灯の光源には、白熱電球や蛍光灯などが使われてきましたが、近年では省エネルギーで寿命が長いLEDが多用されています。

見てみよう

既婚者だけの職業？

明治時代のガス灯はガスの噴き出し口に火を近づけて、直接点火するものでした。そのため、点消方《てんしょうかた》という人々が夕方に火をともし、朝には消していました。朝寝坊をしないように、点消方は既婚者のみがなるべきと考えられていたそうです。

『東京名所図会（ずえ）』でガス灯をともす点消方

排気ガスを外に逃がす

えんとつ

えんとつは燃料が燃えるのを助けるために、煙を空中に排出して通風の役割を果たす筒形の装置で、煉《れん》瓦《が》やコンクリート、金属などで作られています。熱による上昇気流の原理で煙を上方に導き、上空に排出させることで、建物の内部や周辺への煙害を防ぎます。日本では背の高いえんとつは赤と白の2色で塗られています。これは航空法により60m以上の高さのえんとつや鉄塔などに義務付けられているもので、航空機の安全を守るための目印になっています。夜になると赤いランプが点灯するのも同じ理由です。

見てみよう

日本一と世界一ののっぽは？

日本一高いえんとつは茨城県神《かみ》栖《す》市にあるJERAの鹿島火力発電所5・6号機のもので、その高さは231mです。また、世界一高いえんとつはカザフスタンのエキバストス第2発電所にあり、高さは419.7mにも達します。

JERAの鹿島火力発電所。右端が日本で最も高いえんとつ

男児の出世と健康への願いを込めて立てる

鯉のぼり

5月5日の子どもの日の前後に見かける鯉のぼり。竿の先端から回転球、矢車、吹き流し、鯉の順に並んでいます。鯉は父、母、子どもを表す黒、赤、青の3色のことが多く、子どもが複数いる場合は緑やピンク、紫などの鯉を追加します。子どもの日はもともと中国から伝わった端午の節句ですが、江戸時代に男児の健やかな成長を願う日となり、江戸町人の間で鯉のぼりを立てる習慣が広がりました。鯉は「急流をさかのぼると龍になり天に昇る」という中国の伝説にちなんだ、立身出世の象徴です。

見てみよう

黒色一匹だった鯉のぼり

最初、鯉のぼりは片手で持てる小さなもので、色も黒だけでした。その後だんだん大きくなり、明治から大正にかけては黒い真鯉と赤い緋鯉の２匹となります。昭和に入って青が加えられ、緑、ピンクなどの鯉を加えたものも登場しました。

歌川広重の浮世絵『名所江戸百景』に描かれた鯉のぼり

大人も憧れる木の上の小さな家

ツリーハウス

生きた樹木の上に建てられた家をツリーハウスと呼びます。場所が不安定なので家は小さめですが、木の枝に囲まれた高い場所で、まるで秘密基地にいるかのような気分を味わえます。欧米でとくに建設が盛んで、さまざまなツリーハウスが作られています。日本でもキャンプ場などに併設されていて宿泊できるものもあります。自分で建てたいという人もいるかもしれませんが、土台の木は少しずつ成長するので、年月が経つと傾いたり壊れたりすることも。さらに、木が枯れると危険なので十分な注意が必要です。

見てみよう

北欧の自然を満喫できるツリーハウス

スウェーデンのラップランド地方にある「ツリーホテル」はとってもユニーク。宇宙船のようなものから鳥の巣そっくりのものまで、すべて異なるデザインの８つのツリーハウスが森の中に建っています。冬には部屋からオーロラが見えることもあります。

©TreeHotel

部屋にはトイレや洗面所、冷蔵庫もある

美しく飾りつけられた神聖な木

クリスマスツリー

モミの木などの常緑樹に装飾を施したクリスマスツリーは、12月が近づくと広場やデパート、家庭などに飾られる冬の風物詩。きらびやかな電飾やオーナメントを眺めていると、寒いなかでも気持ちが温かくなります。発祥地はドイツ。厳しい冬にも緑色をしている常緑樹は、生命力の象徴としてゲルマン民族に崇拝されていました。その習慣がキリスト教に取り込まれて広まったのです。日本では、プロイセンのオレインブルク伯爵が幕末の1860年頃に飾ったのが最初のクリスマスツリーといわれています。

見てみよう

オーナメントのそれぞれの意味

クリスマスツリーのてっぺんの星は、イエス・キリストの誕生を東方の三博士に知らせたという「ベツレヘムの星」を表し、丸いボールの飾りはアダムとイブが食べた知恵の木の実・リンゴを意味するなど、飾りにはそれぞれに意味や由来があります。

電飾がなかった時代はロウソクを灯していた~

もっと これはな〜んだ？ 不思議なものを探してみよう

毎日通る道で何かわからないまま、素通りしているものはありませんか？ 目線を少し変えてみると新しい発見がありますよ。

①換気塔

換気塔は室内のよどんだ空気や臭いを屋外に排出し、新鮮な空気を取り込む役割をします。都市の地下には駅や多くの商店街があり、地下道路には排気ガスが充満するため換気がとても大切です。深い地下の空気を循環させるためには地表から一定の高さが必要です。街中には個性的なデザインの換気塔がたくさんありますよ。

東京・飯田橋駅にある昆虫の羽を模して「巨大虫のはね」との名が付いた換気塔

「梅田のギョロ目」の愛称で府民から親しまれる大阪・梅田、高架下の換気塔

首都高の高速神奈川７号横浜北線にある新横浜換気塔

都市の環境に調和したデザインの東京・首都高山手トンネルの換気塔

新宿駅西口のロータリーにある真ん中に大きな穴が開いた換気塔

❷道路標識

道路標識は 100 種類以上もあります。交差点、踏切などを知らせる警戒標識や禁止・制限を伝える規制標識の設置の高さは 1 m 以上、目的地の表示や国道番号などの案内標識は 1.8m 以上などと決められています。

方面とその先に何があるかを示している

その地点の名前と交差点・信号機の説明

上から、「時速 30kmまで」「追い越すときに右側にはみ出し禁止」「駐停車禁止」
右向きの矢印はここから始まる印

❸電柱

変圧器

電柱の上にあるバケツ状の箱は、電線を通って送られる電気の電圧を低く変換するもの。

鳥よけ

フンの被害対策に電線や電柱の腕金《うでがね》（横木）に鳥が留まれないよう突起が並んでいることがあります。

④ビルの上

マンションやビルの上にも面白いものが並んでいます。形は不思議でも生活に必要なものばかりです。

パラボラアンテナ

テレビの衛星放送を受信するためのお碗型のアンテナ。

防犯カメラ

マンションやビルの入り口付近など、人の往来が多いところにあります。

丸いかたちのものもある！

携帯電話の基地局

携帯電話の電波を受け取って交換局へ届ける役割をしています。これはビルの上に設置しているもので、ほかに電柱に設置するものや鉄塔タイプも。

避雷針

雷がほかの場所に落ちないように自らに誘導して、その後地面へ電流を逃がす針のような形状の装置。

給水塔

きれいにろ過された水を給水するために貯めておく巨大タンク。マンションの屋上などに設置されています。

航空障害灯

夜のビル街の明かりにも負けない小さな赤い点灯の正体は航空障害灯。高層ビルやタワークレーン、鉄塔や煙突など、航空機とぶつかることがないように設置されています。

地上60m以上の建物に義務付けられている

知りたい!

街中にある ○▽□ の標識を探してみよう

標識にはいろいろな形があります。近所でいろいろな標識や案内板などを探してみてください。

ひとつのポールに
3つの標識

交通標識の形は、道路案内では逆三角形は国道番号、六角形は都道府県道番号など決まりがあります。そのほかの標識も○は「禁止・規制」▽は「規制」□は「案内・指示・規制」に分かれ、○は車両に関する標識で、□は歩行者に向けられています。色にも意味があり、青は情報を、黄は注意、赤は禁止や危険を表していて、これらの組み合わせによって交通標識は成り立っています。

まる

この標識があるところに車を停めてはいけません。

自転車だけのための専用道路ですが、日本にはあまりありません。

さんかく

学校近くでおなじみ、横断歩道の案内。似たような絵でも黄の◇は運転者への注意。

よく見るこの標識は北海道から沖縄までにある国道番号。逆三角形になっています。

見通しがよくないところや道路の曲がり角など、運転者に向けてゆっくり走るよう警告。

しかく

動物の飛び出しへの注意を促す標識です。これはシカを表しています。

傾斜があるという意味ですが、あまり見かけない珍しい標識です。

汽車のマークですが、踏切があることを表しています。

ろっかく

都道府県道番号が表示されています。県道の細い道にも番号はあります。

車両の重さが20～25tまでなら通ってもいいという意味です。

時計台を見てみよう もっと

多くの人が集まる場所では誰もがよく見えるように、高いところに時計を置いています。時計台は、その街のシンボルになっていることも多くあります。

札幌市時計台（北海道）
日本一有名な時計台。重要文化財にも指定される名所

世界に誇るからくり時計

城山からくり時計（山口県・岩国市）
時間を告げるときに中の人形が動き、岩国にゆかりのある音楽が流れる

太鼓時計（福岡県・久留米市）
東洋のエジソンといわれた「からくり儀右衛門」の人形が動く時計

岩槻城址公園からくり時計（埼玉県・さいたま市）
公園の時計は真ん中に日本人形が飾られ、文字盤は漢字で示されている

坊ちゃんからくり時計（愛媛県・松山市）
道後温泉にあり、音楽とともに小説『坊ちゃん』の登場人物が現れる

グリーンセンターからくり時計（埼玉県・川口市）
市営の公園内・ミニ鉄道が走る敷地内の時計は車輪が動く

第3章
散歩で見上げる
鳥

鳥を見上げてみよう

飛んでいる鳥の種類を目で見て判断するのは少々難易度が高いかもしれません。でもその鳥を目で追って、木や電線にとまったときはチャンス！ スマートフォンで動画を撮っておくと鳴き声と一緒にあとで調べることもできます。

鳥がいそうな場所

耳を澄ませて鳴き声を聞いて、その鳥がどこで鳴いているのか推理するのも楽しい散歩になりますよ。

- 川沿いの上空
- 庭の立ち木や街路樹
- 電柱や鉄塔
- 屋根の上、ビルの屋上
- 軒下

観察の注意点

鳥に近づくと逃げてしまいます。ふだんの生活をそっとのぞかせてもらうつもりで離れたところから観察しましょう。野鳥の捕獲や飼育は法律で禁止されています。

- 近づきすぎない
- 大きな音をたてない
- えさを与えない
- 巣を見つけても近寄らない
- 道路の真ん中で立ち止まらない
- 人の家や私有地に勝手に入らない

カワセミは目立つ瑠璃色とオレンジ色で、長いくちばしも特徴的

見分け方のポイント

鳥は色や形、鳴き声や飛び方がそれぞれ違います。特徴から名前を知れば、鳥の観察はさらに楽しくなります。

メジロは目の周りが白いのですぐにわかる

ここをチェック！

- 鳴き声・飛び方
- 体の色・模様
  特に顔や足の色など
- 体の形・大きさ
  しっぽやくちばしの長さ
- えさの種類
  木の実や虫など
- 子育てのようす

ツバメのしっぽはふたつに割れている

双眼鏡があると便利

双眼鏡を取り出しているあいだに目線を外すと見失ってしまうので、鳥から目を離さず、目に双眼鏡を添えるようにして観察しましょう。

※双眼鏡で絶対に太陽を見ないでください。

分類　スズメ目スズメ科
大きさ　15㎝
分布　北海道～南西諸島
時期　通年

誰もが知る「チュンチュン」の鳴き声

スズメ

昔話や童謡に登場し、身近なところでもよく見かける野鳥です。オスとメスの外見上の違いはなく、食性は雑食。太くて短いくちばしで雑穀や穀物の種子を食べ、昆虫やクモも食べます。警戒心が強く人が近づくとすぐに飛んで逃げますが、巣を作るのは軒下や雨どいと屋根のすき間などです。これは、人の生活するエリア内ではカラスやヘビなどの敵から身を守りやすいためです。地上や枝の上でちょっと移動するときなどは、ちょんちょんとジャンプするような歩き方（ホッピング）をするのが特徴です。

見てみよう

ニュウナイスズメの見分け方

スズメによく似た、少しだけ小さな鳥を見かけたら、ニュウナイスズメかもしれません。見分け方は、頬に黒いもようがあるのがスズメ、ないのがニュウナイスズメです。オスとメスでは見た目が違い、メスは目の上の白い線（眉斑《びはん》）が目立ちます。

農耕地のそばの山林に生息している

教えて! スズメのふしぎ

Q 「ふくらすずめ」ってなあに？

A 冬の羽毛でふくらんだスズメです

羽毛をふくらませて羽の中の暖かい空気で体を包み、保温しているのです。そのかわいらしい姿が愛され、俳句の季語にもなっています。

Q スズメの耳はどこ？

A ほっぺの黒い模様のなかです

スズメの耳は頬の黒い模様のあたりにあります。「耳《じ》羽《う》」という短い毛の下にあり、耳の穴は羽に隠れて外からは見えません。

Q 人を怖がるのに、人家に巣を作るのはなぜ？

A 安全に子育てをするためです

人に近い場所に巣を作るのは、天敵であるカラスやヘビからヒナを守るためだと考えられています。

Q 水のなかでバタバタ。遊んでいるの？

A お風呂に入っています

スズメは水浴びと砂浴びの両方をするきれい好き。バタバタと羽ばたくのは、羽や体についた寄生虫やゴミを落とすため。いわばお風呂です。

分類	スズメ目カラス科
大きさ	56㎝
分布	北海道〜南西諸島
時期	通年

ときにゴミを漁る困った存在

カラス（ハシブトガラス）

日本でカラスといえば、このハシブトガラスとハシボソガラスのこと。果実から魚、小動物までなんでも食べる雑食性で、人間の出した生ゴミなどもえさにします。動物の死がいなども食べるため、自然界の掃除屋という一面も。以前は街中にはえさが豊富で天敵となる猛きん類（→P.11）が少なく、巣（樹木や鉄塔などの高い所）を作る場所もたくさんありました。しかしこうした条件は変化しつつあります。大群でねぐら（住宅地の中など）をとり、早朝からえさを探し、夕暮れに戻ります。

見てみよう

ハシボソガラスはどんな鳥？

人の生活圏内にすむのはハシブトガラスと同じですが、畑や河原など開けた空間を好みます。クルミを自動車のタイヤの前に置いたり、上から落として割ることもある、賢いカラスです。鳴くときには頭を下げておじぎをするような姿勢をとります。

ハシブトガラスよりも一回り小さい

もっと カラスを知ろう！

ハシブトガラスとハシボソガラスの違いは？

ハシボソガラス

クチバシが細い。地上にいるときはウォーキングすることが多く、ハシブトガラスよりもふわふわした飛び方をします。

ハシブトガラス

クチバシが太い。ハシボソガラスより大きく、ホッピング歩きが多いです。直線的に飛び、上空で輪を描くこともあります。

カラスは頭がいいって本当？

カラスの種類にもよりますが、3歳児くらいの知能があるといわれています。ハシボソガラスの貯食を観察したところ、隠した場所を記憶しているだけでなく、傷みやすい生ものから先に食べたそうです。また、電線にぶら下がるなどして遊ぶようすも見られます。

上／ジャンプして遊んでいるように見える
下／食べ物が見つからないように貯食する

巣がなんだか、ヘン！

春になるとカラスはつがいになり、縄張り（→ P.11）に巣を作ります。木の枝と、針金ハンガーなどを使うことも。電柱の上に作ると、停電などの原因になりかねず、注意が必要です。

電柱の上に作られたカラスの巣

鳥

分類 ハト目ハト科
大きさ 32㎝
分布 全国
時期 通年

手紙を届ける伝書バト

ハト（ドバト／カワラバト）

お寺や神社の境内、公園や駅前などで群れているようすをよく目にしますね。その昔、野生のハトを飼い慣らして、愛玩、伝令、または食用にしていましたが、それが再び野生化し、繁殖したものが今見られるドバト。野鳥なのに人を怖がらないのはもともと人に飼われていたためです。ハトには「自分の巣に戻る」という帰巣本能があり、数百キロ離れた場所から放たれても元の場所に戻ることができます。この性質を利用したのが「伝書バト」で、遠くに手紙を届ける役割をしていました。

見てみよう

よく公園にいるのはなぜ？

おもな食糧は植物の種子などですが、人からえさをもらえるので公園に集まります。公園に来るもうひとつの理由は求愛のため。オスがメスを追いかける姿がよく見られます。オスはのどを膨らませてアピール。メスが気に入るとカップルになります。

多くの時間は木の上などにいて、食べるときだけ地上へ降りる

もっと ハトの種類（仲間）は？

ハトの鳴き声と居場所

グルウ

ドバト

群れる習性があります。また、人家や橋の下などに巣を作ります。

デーデーポポー

キジバト

首筋の黒い縞や斑点の模様が特徴。山林にいましたが街中でも繁殖しています。

ポポーポ

シラコバト

埼玉県、千葉県の一部に生息。埼玉県の県鳥で、首に黒い横線があります。

オーアオー

アオバト

山林に生息し、5～10月に海水を飲むのが特徴。美しい緑色が目をひきます。

ドバトの模様を観察してみよう

ドバトはもともと人が飼っていたため、人為的な交配により、さまざまな色と模様を持ちます。以下の写真はすべてドバトです。

首の動きを見てみよう

なぜハトは首を突き出して歩くのでしょうか。実は、首を動かしているのではなく、首を静止させて体を移動しています。首を固定すると歩きながらでも地面にあるえさを発見しやすくなるのです。

鳥

分類　ツバメ目ツバメ科
大きさ　17㎝
分布　北海道～南西諸島
時期　5～10月

民家の軒先にも巣を作る身近な鳥

ツバメ

玄関やビルの出入り口に巣を作り、忙しく飛び回る姿をよく見かけます。尾が二股に分かれているのが特徴で、飛んでいる姿を見ればツバメとすぐにわかります。南国（フィリピンなど）で越冬して、暖かくなると日本にやってくる渡り鳥（→P.11）です。ツバメは蚊やハエ、小型のガやチョウなど飛んでいる虫をえさにし、昔から作物の害虫を食べてくれる益鳥として大切にされてきました。家の軒先に巣を作るのはカラスやヘビに襲われにくくするため。自分たちは人から危害を加えられないとわかっているようです。

見てみよう

飛行上手なツバメ

ツバメが空中で急に方向を変えたり、ひらりと急旋回したりするようすを「ツバメ返し」といいます。小回りがきくツバメは、スピードを出して空中を自在に飛び回り、飛んでいる羽アリやハエなどの小さな虫をくちばしでキャッチします。

飛びながら大きな口を開けて水を飲むツバメ

知りたい! 身近な渡り鳥・ツバメの生活

ツバメの渡り

ツバメは夏を日本で過ごす夏鳥です。春になると遠いフィリピン、マレーシアなど南方の国々からやってきて、子育てをします。ヒナが巣立った巣を見ると「もう日本からいなくなったのかな？」と思いますが、実は河川敷などにねぐらをとり、栄養をつけて渡りに備えています。9～10月になると、親鳥たちが先に、若鳥たちはあとから日本を去り、春にまた戻ってくるのです。

数千羽から数万羽が大集合する

ツバメの巣

ツバメは軒先など屋根のある場所に巣を作ります。ツバメの巣は泥とわらでできているため、雨にぬれるとこわれてしまいます。ぬれなければ丈夫なので、次の年に同じ巣を使うツバメもいます。ツバメの仲間のアナツバメは、巣のほとんどを自分のだ液だけで固めて岸壁などに作りますが、中国料理では高級食材として珍重されています。

ツバメの巣ができた家は縁起がいいといわれる

アナツバメの巣。日本の軒先などで見られる巣には泥やわらも混じるので食べられない

知りたい!

鳥の巣を探してみよう

鳥の巣は、鳥が子育てをする場所です。巣はネコやヘビ、カラスなどの天敵に襲われないように人家の近くに作られます。

毎年同じ場所に巣を作る

街中でもよく見かけられるツバメの巣。野生の生きものは人間を警戒するのが普通ですが、ツバメはわざわざ民家の軒先など、人間が生活する場所に巣を作ります。ツバメにとって怖い存在のヘビやカラスは人の近くにはやってきません。ツバメはそれをわかっています。人もツバメの子育てを見守っていますね。

こんなところに巣を作る

木の上

クモの糸を使って小枝にぶら下がる巣を作る

木の上

小枝や草を集めて木の上に巣を作るキジバト

木の中

アカゲラは自分で木に穴をあけて巣を作る

岩場

トビの巣は木の上や崖のくぼみなどの高いところに作る

建物

電柱の上に木の枝で巣を作ったカササギ

建物

戸袋などに巣を作ることがあるムクドリ

巣箱を置いてみよう

スズメも巣箱をよく利用する鳥

巣箱の穴はシジュウカラなら直径28㎜。30㎜以上だとスズメが入る

人が作った巣箱にも野生の鳥がやってきます。巣箱を利用する鳥はシジュウカラやヤマガラ、スズメ、ムクドリなど、一年中日本にいる鳥です。春（3～5月）の繁殖期に巣箱で子育てをするので、置くのは秋がいいでしょう。巣穴の大きさを28㎜にすれば、シジュウカラは入れるけれどスズメは入れない巣箱を作ることができるので、来てほしい鳥をある程度選ぶことが可能です。

鳥

分類　スズメ目ムクドリ科
大きさ　24㎝
分布　北海道〜南西諸島
時期　通年

民家の戸袋などに巣を作ることも

ムクドリ

　市街地でもよく見かける身近な鳥です。黒褐色の体に黄色やオレンジ色の足とくちばしがよく目立ちます。雑食で果実や木の実をおもに食べますが、地面を歩きながら虫やミミズなどの小動物を捕らえることもあります。群れで生活し、公園や駅前にある樹木に集団でねぐらをとる習性があります。
　春から夏にかけ、巣立った若鳥が集団に加わり秋から冬には大集団になります。ときに数万羽にもなり、その騒がしい鳴き声と周辺にまき散らされるフンが大きな問題となっています。

見てみよう

ムクドリはなぜ群れる？

　弱い生きものは群れることで危険を避けようとします。ムクドリの天敵はオオタカやハヤブサなどの猛きん類。たくさんの仲間がいるのは、たくさんの目があるということ。早く危険を察知して逃げることが可能になるのです。

夕方には木や鉄塔などに集まり騒がしく鳴く

知りたい！ ムクドリは街の嫌われ者？

民家の軒下・戸袋で繁殖

戸袋から顔を出すムクドリ

天敵から卵を守るため、樹洞などの穴に巣を作る習性のあるムクドリは人家にも巣を作ります。人家には雨戸の戸袋やエアコン用の壁穴など、巣作りに適した場所がいっぱい。外見はかわいらしいムクドリですが、野生なので体には害虫、ダニなども多く不衛生です。その上、多くの雑菌を含むフンを洗濯物などにまき散らすこともあり、悪臭の被害も少なくありません。

群れで鳴く！ 騒音被害

大音量が響き渡るムクドリの群れ

人家に巣を作るのと同じように、天敵から身を守るために群れで行動するムクドリ。「ギャーギャー」「ケケケ」「ギュルギュル」といった鳴き声は１羽ではさほど気になりませんが、群れになると騒音となります。日没前の１時間ほど、特にうるさく鳴きますが、これは仲間にねぐらの場所を知らせたり、天敵をおどすためではないかと考えられています。

害虫駆除のエキスパート

幼虫を食べるムクドリ

嫌われ要素の多いムクドリですが、土の中のミミズ、作物につくケムシやイモムシなど、１年に１万匹以上もの虫を食べ、害虫から農作物を守ってくれています。家屋の戸袋や壁穴はこまめに掃除をする、小枝などを見つけたら取り除くようにする等で、人家に巣を作らせないように人間側が工夫できることもあります。

分類　スズメ目シジュウカラ科
大きさ　15㎝
分布　北海道〜南西諸島
時期　通年

小さい体でもよく通る声で鳴く

シジュウカラ

早春になると、「ツーピィーツーピィー」というよく通る澄んだ鳴き声を、市街地から郊外の山間部までいろいろな場所で聞くことができます。胸の黒い帯が、黒ネクタイのように見えるのが特徴。オスとメスを見分けるポイントはその黒ネクタイの幅で、広いのがオスです。昆虫や木の実などがおもな食べ物で、地面でえさを探すこともあります。繁殖期になるとキツツキなどが作った木の穴や民家の壁、塀の隙間などに巣を作ります。巣箱も利用する鳥なので、とても観察しやすい野鳥です。

見てみよう

違う鳥と群れを作る!?

繁殖を終えた秋〜冬、シジュウカラはメジロ（→ P.132）やエナガ（→ P.128）など違う種類の鳥と一緒に混群《こんぐん》を作ります。異なる種といると敵を警戒する目が増え、敵の早期発見と対応が可能になります。シマエナガは日本では北海道のみに生息します。

シジュウカラとシマエナガの群れ

鳥

分類 スズメ目カラス科
大きさ 37㎝
分布 本州（中部地方以北）
時期 通年

名前の由来は尾が長いこと

オナガ

灰色の体と水色の羽、すっと伸びた長い尾、頭は黒いベレー帽を被ったようなおしゃれな鳥です。食性は雑食で、木の実や種子から虫までなんでも食べます。食べ物を貯食する習性もあります。スタイリッシュな姿からきれいな鳴き声を想像しますが、オナガはカラスの仲間なので、鳴き声は「ギィー、ギュッギュッ」と、あまり上品ではありません。東アジアに広く生息していますが、中部地方以北の本州でしか見られません。市街地周辺の雑木林にすんでいますが、公園や民家の庭に姿を現すこともあります。

見てみよう

“家族”が群れの単位

いくつかのつがいとその子どもの鳥が 20 ～ 40 羽の群れを作って、一定範囲内を移動しながら暮らしています。ヒナを育てるときは親鳥だけでなく、兄弟の若い鳥も子育てを手伝うことがあります。また大きな鳥に襲われそうになると、集団で抵抗します。

分類　スズメ目ヒヨドリ科
大きさ　28㎝
分布　北海道～南西諸島
時期　通年

特徴的な飛び方と茶色のほっぺが目印

ヒヨドリ

以前は、秋に街中にやってきて春に去っていく鳥でしたが、今では1年中とどまっています。特徴のある飛び方で、数回羽ばたいて上昇するとその後、羽をたたんで省エネ飛行をします。その繰り返しで上下しながら飛ぶので、飛行の軌道は波型になります。これは波状飛行（→P.147）と呼ばれています。体長は28㎝くらいで、津軽海峡や関門海峡などを渡って長距離を移動するヒヨドリもいます。体は灰色でお腹に白い斑点模様があり、頭の上の羽はちょっとボサボサしています。頬の茶色も特徴的です。

見てみよう

花の蜜や果物が大好き

細長いくちばしで果実をつついたり花の蜜を吸うヒヨドリ。果物畑を荒らすことも多いので農家には少し嫌われています。けれど、平安時代の昔から人懐こいことで人気がありました。えさ台を作って果物を置けば、庭先にもやってくるでしょう。

庭の木に果物をぶら下げてみよう

知りたい！ イソヒヨドリって何？

イソヒヨドリは海岸の岩場で１年中見ることができる鳥。姿がヒヨドリに似ている磯の鳥ということでこの名がつきましたが、ヒヨドリの仲間ではなく、オオルリやキビタキの仲間です。

左／メスは体全体が灰色でヒヨドリによく似ている　右／オスはオレンジと青色の華やかな姿

磯から都会のビル街にも進出

最近、海から離れて、東京の八王子や都心のビル街で見かけるようになったイソヒヨドリ。駅前や立体駐車場などでも見かけることがあります。都市の建物を岩場に見立てているのかもしれませんが、ユーラシア大陸ではもともと山の岩場で繁殖している鳥です。

もともとは海岸や山地の崖地に生息

都会の駐車場にも出現

山中でも見かけるように

ヒヨドリと間違えやすいが、イソヒヨドリのメス

都会のビル街では鮮やかなオスはひときわ目立つ

もっと

住宅街で野鳥を探そう

東京や大阪などの都会でも多くの野鳥が暮らしています。身近にある電柱やビルの上を見上げてみると、意外にもいろいろな鳥を見つけることができますよ。

電線にとまるムクドリの群れ

東京駅のそばのビルの上のハシブトカラス

ハトやカラス、ツバメなどは昔から都会でもおなじみですが、最近ではヒヨドリやカワセミ、コゲラなどを見かけることもあります。自然が少ないイメージの都会も、鳥の天敵であるヘビやイタチやキツネなどが少ないことが理由のひとつかもしれません。高いところで休息したり、獲物を狙ったり、何をしているか考えながら探してみましょう。

仲のいいつがいの鳥

チゴハヤブサのオスがメスに獲物を渡している

屋根の上を歩くドバトのカップル

群れで行動する鳥

夕方、電線に集まるムクドリの大群

細いところにも器用にとまる

交通標識の上のコチョウゲンボウは獲物を物色中

高いところに巣を作る

小枝やハンガーを集めて電柱に巣を作るハシボソカラス

こんな鳥もいるかも？！

魚も増えた都心の水辺にやってくるカワセミ

民家の屋根の上で美しい姿を見せるハクセキレイ

鉄塔で大声をあげるアオサギ

分類　スズメ目アトリ科
大きさ　14㎝
分布　北海道～南西諸島
時期　通年

鳥

バリエーションに富んだ鳴き声が特徴

カワラヒワ

太いくちばし、羽の黒と黄色のコントラストが特徴的な鳥で、スズメとほぼ同じ大きさです。オス、メスともに茶色がかった緑色をしていますが、羽を広げると黄色が大きく広がって目立つので、観察するときの目印になります。食性は植物食で、種子などを好んで食べます。巣は枯れ枝や細い根などを集めて、木の枝にお椀状のものを作ります。また街中の標識や電柱に作ることもあります。鳴き声は「キリキリコロロ」「チチチチッ」「ピヨピヨ」などバリエーションに富んでいます。

見てみよう

オスからメスへのプレゼント

鳥でよく見られる求愛給餌《きゅうじ》は、オスがメスに対して、自分が食べ物をとるのが上手であることをアピールする行動です。つがいになったあとは卵を産むメスへの栄養補給のために行われます。これで絆が深まるんですね。

カワラヒラのつがい

鳥

分類　スズメ目ホオジロ科
大きさ　17㎝
分布　北海道〜南西諸島
時期　通年

いちばん高いところで縄張り宣言

ホオジロ

　黒と白がストライプになった顔の模様（名前の由来）と、「イッピツケイジョウツカマツリソウロウ」と聞こえるさえずりが特徴。大きさはスズメとほぼ同じですが、尾羽が長いぶん少し大きくみえます。食性は雑食で、春から夏にかけての繁殖期には昆虫類、秋から冬には植物の種子を食べます。地面に落ちている小さな種子を拾って食べるときに、ぴょんぴょんと二本の脚ではねるように移動するホッピングも特徴のひとつです。春になるとオスは木などのいちばん高いところで、大きく澄んだ声で縄張りを宣言します。

見てみよう

聞きなしとは？

　野鳥観察の楽しみのひとつが「聞きなし」です。これは鳥の鳴き声を人間の言葉に当てはめるものです。例えばウグイス（→ P.137）は「法華経（ホケキョウ）」、ツバメ（→ P.114）は、「土喰って虫喰って口渋い（ツチクッテ ムシクッテ クチシブイ）」などです。

♪イッピツケイジョウツカマツリソウロウ

鳥

分類　スズメ目エナガ科
大きさ　14㎝
分布　北海道～九州
時期　通年

綿を丸めたような羽毛

エナガ

ふわっとした丸っこい体に長い尾羽が特徴で、その姿が柄《え》の長いひしゃくに見えたことが名前の由来です。スズメより小さく、日本にいる鳥のなかで最小の鳥のひとつです。おもな食べ物は、クモや小型の昆虫および種子などです。繁殖時は、一時に10羽以上のヒナを育てることがありますが、そんなときは独身の鳥がヘルパーになって子育てを手伝ってくれるそうです。繁殖期以外は10羽程度で群れを作って暮らしており、シジュウカラなどほかの種類の鳥と混群（→P.11）を作ることもあります。

見てみよう

かわいい亜種、シマエナガ

同じ種の鳥でも、生息する地域によって見た目が違う場合、亜種として区別することがあります。北海道に生息するエナガの亜種、シマエナガは顔が真っ白でふっくらしています。そのかわいらしさから「雪の妖精」とも呼ばれ、人気があります。

白い羽毛に包まれた丸い体と黒いつぶらな瞳がとてもキュート

教えて! 木の実は鳥たちの大好物

鳥たちはさまざまな木の実を食べています。樹木を見上げて、どんな鳥が集まっているか観察してみましょう。

① ミズキ

扇のように広がる階段状の小枝に、小さな黒い果実がなります。

② エノキ

赤のほか、緑、黄、オレンジ色などがあるカラフルな甘い木の実です。

③ ムクノキ

若い木の実は青く、熟すとシワがよって黒に変わり、甘くなります。

もっと 鳥の食事風景をのぞいてみよう

木の実や花の蜜などの植物だけでなく、虫や小動物を食べる鳥もいます。おなじみの鳥たちの好物を見てみましょう。

何を食べる？ 木の実や果物

雑食だが、ムクノキやサクラなどの果実をよく食べるムクドリ（→ P.118）

カキやビワなど甘い果物が好きなヒヨドリ（→ P.122）

多くの野鳥が木の実を食べますが、飛んで行った先でフンを落とします。フンと一緒に運ばれた種子は芽を出し、新しい土地に根付くのです。鳥と樹木はお互い大切なパートナーともいえます。

何を食べる？ 昆虫や虫

コガネムシの幼虫やミミズを食べるツグミ（→ P.140）

高たんぱくで栄養満点なイモムシや羽の生えたガなどを食べる鳥もたくさんいます。幼虫などは特に柔らかく消化も早いので好んで食べます。カラスは大きなカブトムシやクワガタも食べます。

一年に 10 万匹以上のガを食べるといわれるシジュウカラ（→ P.120）

何を食べる？ 花の蜜

春先、サクラの木で見かけるメジロ（→ P.132）はブラシ状の舌で器用に蜜を吸う

スズメ（→ P.108）はくちばしが太く花の蜜が吸えない。花を食いちぎって蜜を舐める

メジロは蜜を吸いながら顔いっぱいに花粉をくっつけるので、樹木は受粉の手助けをしてもらっています。メジロと違ってスズメは花を食いちぎるだけ。受粉も行いません。

何を食べる？ 小動物

チョウゲンボウやハヤブサの仲間は停止しているように見える精度の高い飛び方・ホバリングで、ぴたっと空中でねらいを定めて獲物に向かって急降下。空の上から襲撃してモグラやカエル、ネズミや小鳥などを捕食します。

チョウゲンボウ（→ P.142）が鋭い前足で獲物を捕らえた瞬間

何を食べる？ ほかにこんな食べ方も!?

木の樹皮を、とがったくちばしでめくるアカゲラ（→ P.134）

アカゲラは垂直に幹にとまって、樹皮の裏や木の穴に潜んだ昆虫や幼虫を食べます。

枯れた樹皮をめくる

食料がなくなる冬のために獲物を木の枝に刺しておくモズ（→ P.136）

串刺しになった獲物を「はやにえ」といいますが、モズは捕まえたバッタやトカゲを樹木に刺したまま放置し、あとで食べます。

冬の保存食に

空気の抵抗を減らすためにカワセミのくちばしは四角すいの形

カワセミは時速 60㎞というスピードで、空中から水中の獲物を狙って飛び込みます。

水中にダイブ

分類	スズメ目メジロ科
大きさ	12㎝
分布	北海道〜南西諸島
時期	通年

鳥

ウグイスと間違われた春の野鳥

メジロ

メジロは名前にあるように、白い縁のおかげで目がぱっちり大きく見えるかわいらしい鳥。黄緑色の丸みを帯びた姿も魅力ですが、メジロの美しい黄緑色が美声のウグイスの姿と間違われて「ウグイス色」になったという説もあります。実際のウグイス（→P.137）は茶褐色でとても地味な姿をしています。雑食のメジロは木の実や虫を食べますが、花の蜜や果物などの甘いものが大好き。春先に梅の花の蜜を吸うメジロをウグイスと勘違いする人も多いのですが、ウグイスはおもに虫を食べ、花の蜜は吸いません。

見てみよう

蜜を上手に吸う仕組みは？

メジロの舌は長く、先が細かく割れてブラシ状になっています。メジロは花に顔をつっこむようにしながら、まるで吸い取り紙のように蜜を吸い取ります。短い舌のスズメは花を根元から乱暴に切り取って、蜜だけ吸って花を落とします。

分類	キツツキ目キツツキ科
大きさ	13㎝
分布	北海道～南西諸島
時期	通年

日本最小のキツツキ

コゲラ

スズメより小さい日本最小のキツツキ。オスには後頭部の両側に赤い羽がありますが、見分けるのは難しいです。自然林だけでなく、街中の公園や、家の庭にもやってきて、幹や細い枝にもとまります。おもに枯れた木の幹に鋭いくちばしで穴をあけて巣を作ります。繁殖用の巣のほかに、単独で過ごすねぐら用の巣穴も用意します。おもな食べ物は昆虫や木の実。「ギィー」と鳴いてお互いを確認します。つがいは繁殖期に卵を温めるのも交代で行い、ヒナにえさを与えるのもオスとメス共同で行います。

見てみよう

キツツキは悪い鳥？

建物の壁に穴をあけることもありますが、コゲラが巣を作るのはおもに枯れた木です。生きた木をつつくときは木に巣くう虫をとるためなので、実は木にとってはありがたい存在なのです。キツツキは松の木を枯らすマツクイムシを捕食することでも知られています。

分類　キツツキ目キツツキ科
大きさ　24㎝
分布　全国
時期　通年

森で一番にぎやかな鳥

アカゲラ

「キョキョ」という鳴き声だけでなく、くちばしで木を叩く「ドラミング」でつがいの相手を探したり、縄張りを主張したりします。白と黒の体で、オス、メスともお腹が赤いのが特徴。メスの頭は黒ですが、オスは頭も赤いので簡単に識別できます。長い爪と尾で体を支え、木の幹に縦にとまり、虫を捕まえたりドラミングをしたりします。生きている木に巣穴をあけますが、木が枯れることはなく、逆に木を枯らす害虫を食べてくれる森の番人です。単独かつがいで過ごし、つがいになると縄張りも一緒に守ります。

見てみよう

キツツキの穴にすむ生きもの

コゲラ（→ P.133）同様、建物に穴をあけるなど、人にとっては迷惑なこともありますが、木の害虫となる昆虫を食べてくれたりもします。木にあけた穴はシジュウカラなどの鳥、リスやヤマネ、コウモリなどの生きものの巣として利用されることもあります。

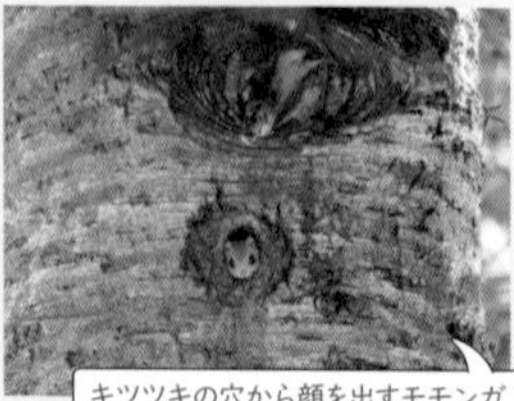

キツツキの穴から顔を出すモモンガ

鳥

分類　スズメ目ヒバリ科
大きさ　17㎝
分布　北海道～九州
時期　通年

美しい声で飛びながらさえずる

ヒバリ

暖かな春の日、広い草原や開けた河原などで「ピーチュクピーチュク」というさえずりを聞くことがあるでしょう。地上や杭の上でもさえずるのは、繁殖期になってメスを探しているオスです。日本全土で見られる留鳥（→P.11）ですが、北海道では秋には去っていく夏鳥です。見通しがよく、土が露出している場所に生息し、草や麦などの根本に巣を作ります。オス、メスとも色は濃淡の茶色で、羽に黒い斑紋があります。身を隠す場所がないので、周りの地面の景色に同化するようになっていると考えられます。

見てみよう

歩いてえさを見つけます

ヒバリは上空でさえずるのでつい見上げてしまいますが、実は地上で暮らす鳥です。歩きながら昆虫やクモ、種子などを食べます。巣も地上に作り子育てをします。また、ときどき立ち止まり、猛きん類に襲われないよう上空を見上げて警戒します。

分類	スズメ目モズ科
大きさ	20㎝
分布	北海道～南西諸島
時期	通年

ほかの鳥の鳴きまねが上手

モズ

体は茶褐色でオスの顔には黒い線があり、森林や農耕地などに生息します。おもな食べ物はカエルやトカゲなどの小動物と昆虫で、獲物を見つけると木の枝から一直線に襲いかかって鋭いくちばしで捕獲。捕まえた獲物は木の枝などに串刺しにして引きちぎり、そのまま放置されたものを「はやにえ」といいます。秋はオスもメスも「キィーキチキチキチ」と鋭い声で縄張り争いをしますが、オスは春になるとメジロやウグイスなどいろいろな鳥の鳴き声をまねします。百舌鳥（百の舌をもつ鳥）たるゆえんです。

見てみよう

モズのはやにえ

捕らえた獲物を木の枝に刺したり木の枝の股に挟んだりする「はやにえ」はモズだけに見られる習性。特に秋によく観察されることから、えさが少なくなる冬に備えた保存食であると考えられていますが、食べ忘れや本能によるものなどいろいろな説があります。

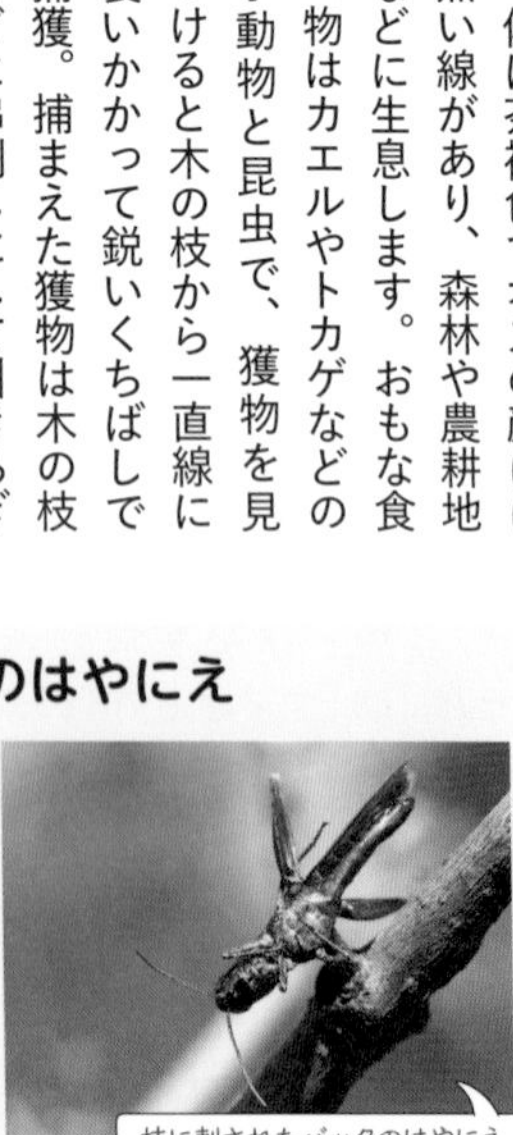

枝に刺されたバッタのはやにえ

鳥

分類	スズメ目ウグイス科
大きさ	オス16㎝　メス14㎝
分布	北海道～南西諸島
時期	通年

ウグイス色ではないウグイス

ウグイス

ウグイスはオス、メスとも全身が褐色でとても地味な鳥です。「ホーホケキョ」とさえずるのはメスにアピールする繁殖期のオスで、つがいになると、安全なときは「ホーホケキョ」とゆったりと鳴き、危険が迫ると「ケキョケキョケキョ」と警戒音を出してメスに知らせます。低木や笹などが密集するヤブの中に住み、春から夏は昆虫やクモ、冬場は植物の種子なども食べます。淡い緑を「ウグイス色」といいますが、これは淡い緑色のメジロ（→P.132）が「ホーホケキョ」と鳴いていると勘違いしてつけられた名前です。

見てみよう

ウグイスまかせのホトトギス

巣作りも子育てもしないホトトギスは、ウグイスの親の不在時に、巣の中にウグイスの卵によく似たチョコレート色の卵を1個産みつけます。何も知らないウグイスはほかの卵と一緒に温め、ふ化（→P.11）してからも自分の子どもだと思い込んで育てるのです。

分類	スズメ目ヒタキ科
大きさ	15㎝
分布	北海道～四国
時期	通年

鳥

見た目も鳴き声も美しいアイドル

ルリビタキ

ルリビタキは頭から背中全体までが瑠《る》璃《り》色（青色）で、白い下面の脇が山吹色です。繁殖期になると「キョロキョロキョロリ」と澄んだ声でさえずる、見た目も鳴き声も美しいアイドル的存在。ただしこれはオスの成鳥のことで、メスは尾の一部が青いものの全身ほぼ茶褐色の地味な外見をしています。暑い季節は標高の高い針葉樹の森で暮らし、冬になると平地に移動します。青い体が目立たないよう薄暗い森や林を好むため、残念ながら街中で見かけることはまずありません。食べ物は虫や果実などです。

見てみよう

青色が美しいオオルリのオス。額部分に光沢がある

瑠璃三鳥

瑠璃は青色の宝石のこと。幸せの象徴ともいわれる「青い鳥」ですが、ルリビタキのほかに、瑠璃の名前が付いたオオルリ、コルリを合わせて「瑠璃三鳥」と呼んでいます。ルリビタキ以外は夏鳥で、山でしか見られない貴重な鳥です。

分類　スズメ目ホオジロ科
大きさ　16㎝
分布　北海道〜南西諸島
時期　通年

同じアオジでもいろいろな生態がみられる

アオジ

一見するとスズメに見えますが、体は緑がかった黄色で、オスは目の周りが黒いのが特徴。ウグイスのように警戒心が強く、ヤブなどの中に潜んでいることが多いのですが、「チョッピーチョチョ」や「チッチッ」という美しい鳴き声はよく聞こえます。

太く短いくちばしで地面の植物の種子や木の実をついばんで食べます。シベリアなどから秋に日本に渡ってくる冬鳥もいれば、日本国内を移動する漂鳥や通年同じ場所にとまるものもいて、同じ種類でもさまざまな生態がみられます。

見てみよう

姿が見えなくても、庭や公園にいることも

アオジの美しい鳴き声

アオジは「アオ」といっても、緑に近い色をしています。自然のなかでは見つけにくいのですが、美しい声で鳴くことで知られています。やや間をおいて「チッ、チッ」と鳴きます。耳を澄ませて、その存在を確かめてみましょう。

分類　スズメ目ヒタキ科
大きさ　12㎝
分布　北海道〜南西諸島
時期　通年

えさを探しながら独特の決めポーズ

ツグミ

秋から冬にシベリアから日本にやってくる渡り鳥です。冬には聞こえていた鳴き声が夏には聞こえなくなるため、「夏には口をつぐむ鳥」と考えられたのが名前の由来とか…。身体は全体的に茶褐色〜黒褐色ですが、胸からお腹にかけてのまだら模様が個体によって大きく違います。おもな食べ物は木の実や果実、ミミズや虫など。地上でえさを探しているときには、ピョンピョンとホッピングしながら4、5歩歩くと斜め45度に胸を反らしてピタッと止まり、辺りを警戒する独特のポーズをくり返します。

見てみよう

仲間なのに一年中日本にいる留鳥

ツグミの仲間で外見もよく似たトラツグミは、一年中日本にいる留鳥。体全体が黄色から茶色で、首からお腹にかけてはうろこ状の黒いまだら模様があります。夜中から朝方にかけて口笛のように「ヒョーヒョー」と鳴くため、鵺《ぬえ》といわれて不気味がられました。

鳥

分類　スズメ目ヒタキ科
大きさ　15㎝
分布　北海道～南西諸島
時期　10～3月

冬によく見られる美しくかわいい鳥

ジョウビタキ

秋から冬にかけてやってくる小型の渡り鳥で、羽に白い斑点があります。人に対する警戒心が薄く、低木や公園でもよく見られます。縄張り意識が強く、オス、メスともに単独で縄張りをもち、カーブミラーに映る自分の姿に攻撃をしかけるほど。ジョウビタキのジョウは漢字で「尉《じょう》」と書きますが、お爺さんの銀髪を意味します。ヒタキは「火焚」と書き、火打ち石をたたく音のこと。頭が銀色で火打ち石をたたくような声で鳴くことからこの名がつきました。おもな食べ物は虫やミミズ。ナンテンなどの木の実も好物です。

見てみよう

華やかなオスと地味なメス

上の写真のように、オスは頭が銀色で顔と羽が黒、体はオレンジ色とおしゃれな姿です。対してメスは、右の写真のように全体的に褐色で地味な見た目をしています。オスの色彩がメスより派手なのは、子孫繁栄のためにアピールしてメスに選んでもらうためです。

ジョウビタキのメス。別の鳥に間違われることも

鳥

分類	ハヤブサ目ハヤブサ科
大きさ	オス33㎝　メス38㎝
分布	北海道〜南西諸島
時期	通年

得意技は空中でとまるホバリング

チョウゲンボウ

ハトくらいの大きさの猛きん類で、本来なら海や川に面した岩場や山地の崖に巣を作りますが、近年は都市部のビルや橋の裏側などでも繁殖するようになりました。街中は天敵が少なく、えさとなる小鳥もたくさんいるため、繁殖しやすいという理由のようです。秋から冬は見通しのよい河原や公園で狩りをします。空中で羽ばたきながらとまるホバリング（→P.１４７）で獲物を探し、見つけたら一直線に急降下して飛びかかって捕らえます。好物はネズミやモグラ、スズメなどの小鳥、昆虫などです。

見てみよう

夫婦で仲良く子育て

チョウゲンボウはつがいで子育てをします。メスが卵を温めている間、オスは飛び回って獲物を集めます。ヒナがかえると、今度はメスと子どものために、さらに頑張って獲物を運びます。メスは、子どもが食べやすいように獲物をちぎって与えます。

獲物の小鳥をメスに渡すオス

鳥

分類	タカ目タカ科
大きさ	オス59cm　メス69cm
分布	北海道～南西諸島
時期	通年

「ピーヒョロロロー」の声でおなじみ

トビ

ほとんど羽ばたくこともなく、尾羽で巧みに舵《かじ》をとりながら上昇気流に乗って気持ちよさそうに空を舞う姿がよく見られます。トンビとも呼ばれ、名前は「飛び」に由来します。食性は肉食で300m上空からでも地上を動くネズミを見つけて、急降下して捕まえることができます。浜辺などの屋外で人が何かを食べていると、ねらいを定めて上空から急降下して食べ物を取ってしまうことがあります。「鳶に油揚げをさらわれる」ことのないよう十分注意して観察してください。

見てみよう

タカ科の鳥としては珍しく、群れで行動することも多い

トビがタカを産む？

「鳶が鷹を生む」ということわざもあります。平凡な親から優れた子どもが生まれるという意味ですが、トビはもともとれっきとしたタカの仲間です。死んだものや弱ったものを獲物にし、生ゴミなどもあさることから、オオタカなどに比べて低く見られていたようです。

分類 タカ目タカ科
大きさ オス50㎝　メス57㎝
分布 北海道〜南西諸島
時期 通年

鷹狩りに使われてきた猛きん類

オオタカ

昔は鷹狩り（タカを使って獲物を狩ること）に使われていた鳥で大切に育てられていましたが、一時乱開発と密猟のため、絶滅が危惧されるほど数が減少。その後法律で保護されて個体数を回復し、今では都心の森の中でも繁殖する姿が見られるようになりました。猛きん類はメスがオスよりも大きく、オオタカも同様です。つがいで子育てをする際には、メスがヒナを守り、オスが獲物（ハトなどの自分より小さな鳥やネズミなど）を巣に持ち帰ります。飛翔能力が高く、空中でも獲物を捕まえます。

見てみよう

都心でオオタカを見つける方法

上空でカラスが何十羽も集まって大騒ぎしているときは、必ずといっていいほど近くにオオタカなどの猛きん類がいます。カラスはオオタカよりも体が小さく、一羽だけではかなわないため、大勢でオオタカを取り囲んで追い払おうとしているのです。

オオタカをカラスたちが取り囲む

鳥

分類	ハヤブサ目ハヤブサ科
大きさ	オス42㎝　メス49㎝
分布	北海道～九州
時期	通年

急降下のスピードは世界最速

ハヤブサ

おもな生息場所は断崖や大きな岩のある海沿い、大きな河川の流域で、スズメやハト、ムクドリなどの比較的小さな鳥を捕食します。名前の由来は「速い翼」が転じたものといわれ、翼をすぼめて急降下するときの速度は世界最速で時速３９０㎞ともいわれています。見晴らしのいい場所から獲物に狙いを定めると、急降下して飛んでいる鳥を空中でわしづかみにしたり、蹴り落としたりして捕らえます。近年、開発や採掘などにより生息数が減少しており、希少野生動植物種に指定されています。

見てみよう

よく見える大きく鋭い目がハイスピードな狩りを可能にする

ほかの動物を捕獲する肉食

よく見える目、鋭いくちばし、太い足で獲物を捕まえる鳥を猛きん類といい、ハヤブサのほかタカやワシ、フクロウもその仲間です。的確に獲物を捕らえる姿は強さと速さの象徴。「ハヤブサ」は小惑星探査機や新幹線の名前に使われています。

分類	フクロウ目フクロウ科
大きさ	29㎝
分布	北海道～沖縄
時期	5～10月

青葉の季節にやってくるフクロウ

アオバズク

日本で最も身近なフクロウで、黄色くて大きな目が特徴。4月下旬ごろ東南アジアから渡来して10月ごろまで滞在し、平地から低山地にかけての森林や社寺林の大木の樹洞（洞窟のような空間）で子育てします。昼間は木の上で休み、夜間に飛びまわりながらセミやカブトムシなどの昆虫を食べるほか、両生類、は虫類、小型の鳥類や哺乳類も捕食します。オス、メス同色で全体的に濃い茶褐色。お腹は白っぽく縦線の模様が入っています。青葉が鮮やかな季節にやってくることが名前の由来です。

見てみよう

「ホッホー、ホッホー」と２回ずつ鳴く

繁殖期になると、オスはのど袋を膨らませたり縮ませたりしながらゆっくりとしたテンポで「ホッホー、ホッホー」と１度に２回ずつくり返して鳴きます。この鳴き声の特徴はフクロウ（アオバズク）の代名詞にもなっています。

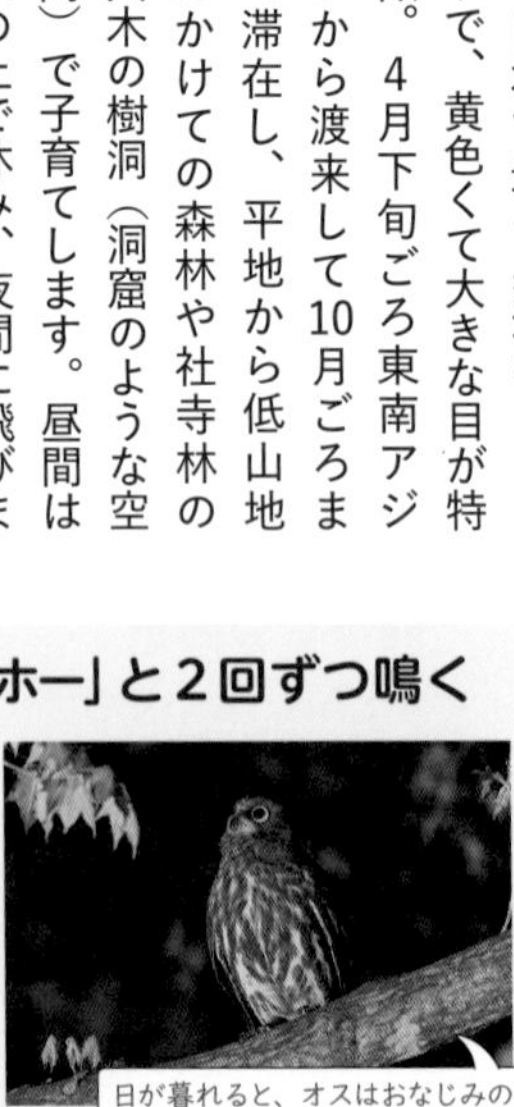

日が暮れると、オスはおなじみの鳴き声でメスにアピール

教えて!

鳥の飛び方

鳥はそれぞれ種類によって飛び方が異なります。鳥たちがどんな飛び方をするのか見てみましょう。

羽ばたき飛行

直線飛行

飛んでいる間中羽を動かし続け、まっすぐに飛びます。ハトやカラス、スズメなど身近で見られる多くの鳥の飛び方です。

波状飛行

羽ばたきしながら上昇し、羽をたたんで休む間に下降する飛び方が波のように見えます。ヒヨドリやセキレイ、キツツキなど。

滑空《かっくう》

羽ばたきせずにグライダーのように空中を滑るように飛びます。高いところから低いところへ下りますが、たまに羽ばたいて高いところに向かいます。

帆翔《はんしょう》

滑空する鳥のなかには上昇時に羽ばたきせずに上昇気流を利用する鳥もいます。体力を使うことなく空高く上昇して滑空することができます。

ホバリング

昆虫のように羽を高速で動かし空中にとまる飛び方で、獲物を見定めるのに効果的。ヒヨドリやメジロ、大きいものではチョウゲンボウなどもホバリングします。

教えて!

鳥の編隊飛行とは？

２羽以上の鳥が一定の間隔を保ってその形を崩さずに飛ぶことを編隊飛行といいます。鳥の編隊飛行は逆V字型を描きますが、この形は常にほかの鳥たちを見ることができるので衝突を防げます。また斜め前を飛ぶ鳥のおかげで浮力を受け、後ろの鳥は省エネで飛べるという利点があります。

隊列するハクチョウ。大型の水鳥では編隊を作るものが多い

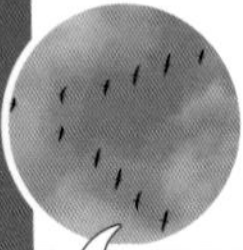

ガンは編隊を作る鳥の代表格

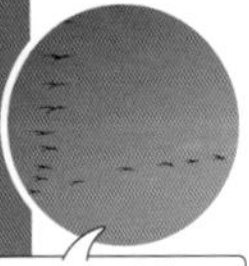

タンチョウも美しい編隊を作る

編隊飛行を見つけてみよう

編隊飛行は特にリーダーが決まっているわけではありません。ずっと同じ鳥が最前線にいるのではなく、ときどき交代することによって群れ全体が安全に飛ぶことができます。

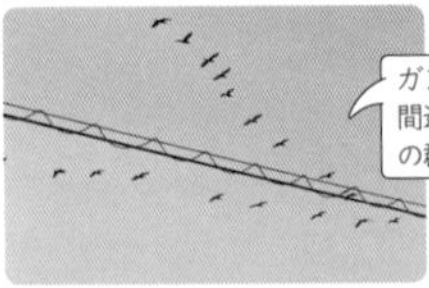

ガンやハクチョウと間違えやすいカワウの群れ

人型の編隊を作るマガン

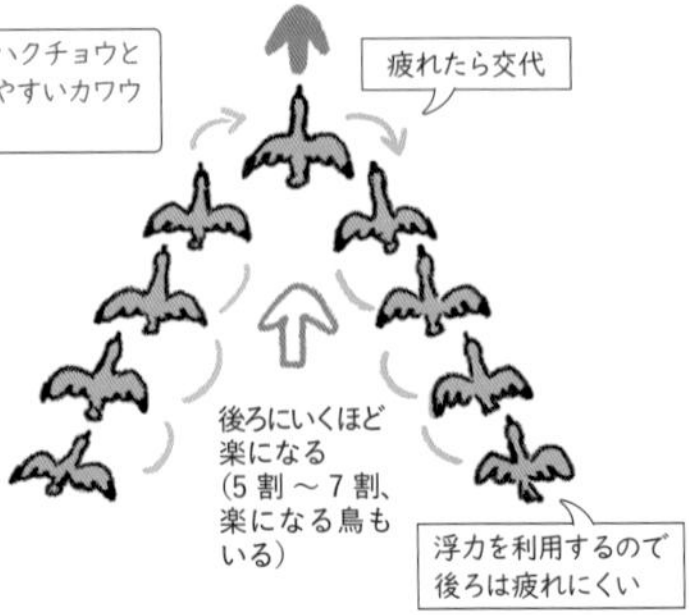

第4章 散歩で見上げる虫

虫を見上げてみよう

春先にひらひらと飛び始めるチョウ、真夏ににぎやかに鳴くセミ。散歩中に見上げて目にする虫はたくさんいます。気になる虫がいたらそれぞれ調べて、親子で虫取りにチャレンジしてみるのもいいですね。

虫がいそうな場所

見つけたい虫の生態を知ろう

エサになる植物や、卵を産みつける場所を知っておきましょう。

● 樹液の出る木

どんぐりのできるコナラ (→ P.229) やクヌギ (→ P.230) は樹液の多い木で、カブトムシやクワガタが集まります。

● かんきつ類の木

アゲハの幼虫は、ミカンやユズの木などの葉が大好き。幼虫からさなぎ、成虫になるまで観察できます。

● 水辺

トンボの仲間は水辺に卵を産むものが多く、幼虫時代を水のなかで過ごすので、公園や池の水辺は注目スポットです。

● 雑木林、街路樹など

そのほか、公園の花壇や学校の校庭など、見つけたい虫の生態に合わせて探してみましょう。

その虫が蜜を吸ったり、羽化（→P.11）する時間帯に出かけてみましょう。

● 昼間の観察

チョウは日中活動します。蜜を吸うのは午前 10 時～ 12 時頃なのでその時間がねらい目。ただ真夏は昼間木陰で休み、涼しい朝や夕方に活動することもあります。

● 夜間の観察

7 ～ 8 月の始め、夏の夜のメインイベントはセミの羽化。夕方から早朝にかけて、土から出た幼虫は木に上り始め 2 ～ 3 時間かけて羽化します。早朝も観察のチャンスです。

持っていると便利なもの・服装

暑い日でも虫がいそうな場所には長袖・長ズボンで出かけましょう。帽子は熱中対策だけでなく頭を守ります。首にタオルを巻いても。

観察の注意点

自然を荒らしたり、他人の敷地に入ってはいけません。また、すべての虫に触っていいわけではないので注意しましょう。

捕獲禁止のウスバキチョウ

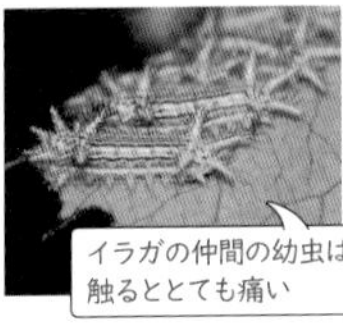
イラガの仲間の幼虫は
触るととても痛い

● **捕獲禁止の虫**

法律で捕獲が禁じられている虫もいるので注意しましょう。

● **危険な虫**

雑木林や草が茂った場所には、ハチ、マダニ、ヒルなど人を刺したり吸血したりする虫もいます。危険を感じたら近寄らないようにしましょう。

分類　コウチュウ目クワガタムシ科
大きさ　オス33～70㎜　メス25～37㎜
分布　北海道～九州
時期　6～10月

大あごの形は幼虫時代に決まる

ノコギリクワガタ

平地や低山地の雑木林、公園などでよく見られます。栄養豊富なクヌギの樹液が好物なので、クヌギの木（→P.230）を探してみましょう。オスの成虫は体長に個体差がありますが、なかでも極端に違っているのが大あごです。大きくて長いノコギリ状の突起があるものや、小型で短く直線的なものまで、ノコギリクワガタのなかでもいろいろな形があります。大あごや脚の力はそれほど強くありませんが、えさ場の樹液のまわりや、ときにはメスを手に入れるために、相手かまわずケンカを仕掛けます。

見てみよう

大あごの形を決めるメカニズム

オスの大あごの形は、大型のものは中央付近で内側に曲がり、体の大きさが小さくなるにつれ曲がるところが先端寄りになります。この差は、幼虫時代の栄養状態によるもので、メス獲得のために進化したともいわれます。メスの大あごは、小さくても突起が鋭いのが特徴です。

栄養状態がよく大きいあご

知りたい！

日本にいるクワガタの仲間

ヒラタクワガタ

体が幅広で、平らに見えるのが名前の由来。闘争心が強く、大あごは大きく力も強いです。

アカアシクワガタ

腹と脚が赤色です。寒さに強く、ほかのクワガタの活動が落ち着く 10 月頃に見ることもあります。

スジクワガタ

メスと小型のオスのはねに、はっきりと縦すじがあります。コクワガタより小さいものをよく見ます。

ミヤマクワガタ

頭の後部両側の張り出しが特徴。山地に生息し、涼しく湿気のある場所を好みます。

オニクワガタ

大あごは太くて短く、上にそり上がっています。山地に生息し、成虫の寿命は短く、1 ～ 2 ヵ月ほどです。

コクワガタ

最も普通に見られ、都市の公園でも観察することができます。環境適応能力が高く、長寿です。

分類　コウチュウ目コガネムシ科
大きさ　32～53㎜
分布　北海道～南西諸島
時期　6～8月

甲虫で最大級、力も強い人気者

カブトムシ

強じんで立派な角を持ち、クヌギ（→P.230）の樹液に集まるなかで最も大きな甲虫です。夏の夜間の雑木林でよく目にします。「夜の帝王」とも呼ばれ、えさとなる樹液のポジション争いでは圧巻の強さを誇ります。クワガタを樹皮から投げ飛ばして好位置を陣取ったりもします。闘うための武器ともいえる角の大きさは、幼虫期のえさの量と遺伝で決まります。カブトムシの前ばねは硬くなっていて、後ろばねや腹部を守っています。北海道にいるカブトムシは、人為的に持ち込まれた国内外来種（→P.11）です。

見てみよう

カブトムシの飛翔

カブトムシが飛ぶときは大きくて薄い後ろばねを使います。この後ろばねは中央が折りたためるようになっていて、普段は硬い前ばねの中にしまわれています。前ばねを上下に揺らしながら、後ろばねはねじりながらダイナミックに上下に動かして空気をとらえながら飛びます。

大きな後ろばねを動かして飛ぶ

分類	コウチュウ目コガネムシ科
大きさ	22〜30㎜
分布	本州〜九州
時期	6〜8月

同じ虫なのに色が多すぎて区別が困る

カナブン

クヌギ（→P.230）やコナラ（→P.229）の樹液が好物で、熟した果実にもやってきます。力が強くないため、樹液にありつけるのは力の強いほかの昆虫たちのあとになってしまいます。代表的なカナブンは、カナブン、アオカナブン、クロカナブンの3種。光沢をもつ赤銅色がカナブンの特徴ですが、同じ種でも色だけが青緑色や黒褐色になっている紛らわしい個体もいます。カナブンは飛翔能力が高く、前ばねを開かずに後ろばねのみで飛びます。カナブンは樹液をなめますが、姿が似ているコガネムシは植物の葉を食べます。

見てみよう　樹液に集まる昆虫

虫たちが群がる樹液は、「昆虫酒場」（→ P.183）などといわれます。木から出る樹液が発酵し、アルコールを含むため、このにおいを頼りに虫たちが集まるからです。昼間はチョウやカナブン、夜間はカブトムシなどの大型の虫が集結します。虫の栄養源となる樹液を分泌するので、クヌギやコナラは人気があります。

樹液に集まるカナブン

分類　コウチュウ目コガネムシ科
大きさ　10～14㎜
分布　北海道～九州
時期　4～10月

花にもぐって花粉まみれになる

コアオハナムグリ

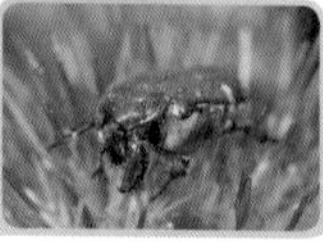

花の上を歩き回って、蜜や花粉を集めることから「花にもぐる」＝ハナムグリと呼ばれる昆虫です。春先から10月頃まで平地の林道などにあらわれて、ヒメジョオンなどキク科の植物の花やミズキなど高木の花に集まります。体中いっぱいに花粉をつけながら、花粉を食べる姿が見られるかもしれません。花だけでなく、樹液に集まることもあります。体表にたくさん毛が生えていて、前ばねに特徴的な白または黄白色の点の模様があります。体の色も緑から黒までと変化が大きいです。

見てみよう　似ているけれど違うんです

近畿以西に生息するアオヒメハナムグリは、コアオハナムグリによく似ていて一見すると同じ昆虫に見えますが、体は少し大きめで、それほど丸くありません。また、前むねの左右に白い縁取りがあるなどの特徴があります。

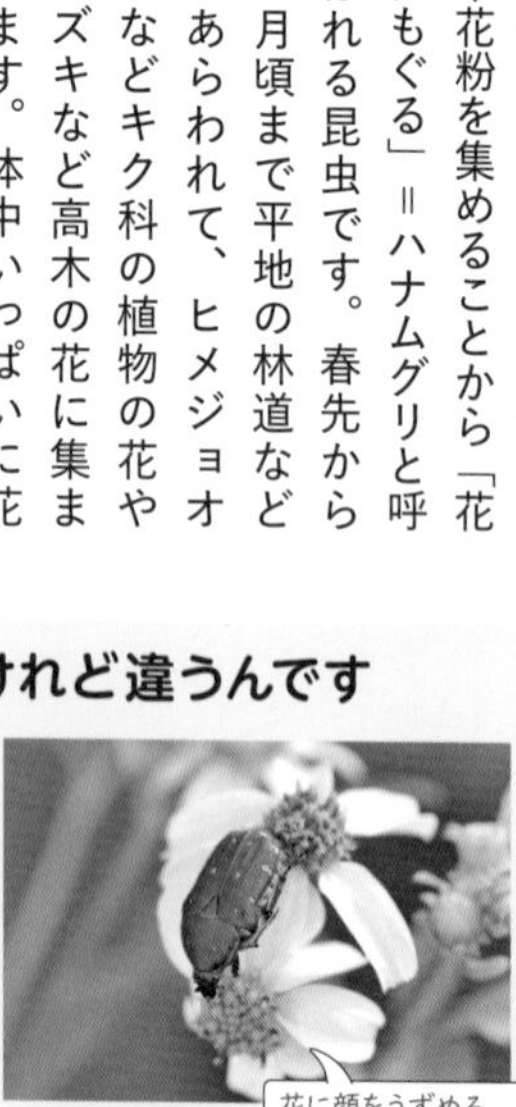

花に顔をうずめる
アオヒメハナムグリ

分類 コウチュウ目カミキリムシ科
大きさ 44～55㎜
分布 本州～奄美群島
時期 6～8月

カミキリムシの仲間では最大級

シロスジカミキリ

前ばねの黄色いすじ模様が、死ぬと真っ白に変わるのでこの名前がつきました。成虫はブナ科やヤナギ（→P.244）の木などで見られますが、明かりに誘われて電灯の周りで見つけられることも。体の大きさの1・5倍ほどもある長い触角が特徴的です。また、鋭い大あごはかむ力が強く、「髪切り」の名前のもとになったようです。幼虫期が長く、メスが樹皮をかじって産卵すると、ふ化した幼虫は木の中で2年間も内部を食べ続けます。食い荒らした木は枯れてしまったり、倒木の原因になったりします。

見てみよう

木の内部を食べて育つ幼虫

「昆虫酒場」を作るヌシ!?

幼虫は木の内部を食べ続け、やがて樹皮を食い破って成虫として外に出てきます。食い破って出てきた穴やメスが卵を産むために樹皮に傷をつけたところからは樹液がしみ出てきます。これが虫たちが集まる昆虫酒場（→P.183）となって、ほかの多くの虫たちを呼び寄せることになります。

分類　コウチュウ目テントウムシ科
大きさ　5～8・6㎜
分布　北海道～南西諸島
時期　3～11月

かわいい見た目でも毒を出す

ナナホシテントウ

真っ赤な丸い体に7個の黒点がある、最もなじみ深いテントウムシはアブラムシを食べます。日当たりのよい草地でアブラムシのついた植物を探すと見つかるでしょう。触れると脚を内側にしまいこみ、死んだふりをします。このときに足の関節から黄色いいやなにおいの体液を出します。また体内には毒が含まれているため、鳥やアリに捕食されることはありません。見かけの派手な色は警告色と考えられています。太陽（お天道さん）に向かって飛ぶため「天道虫」という名前がついています。

見てみよう

アブラムシを食べる

アブラムシは植物の汁を吸って、お尻から甘い汁を出してアリに与え、アリに守ってもらう共生関係にあることで知られています。ナナホシテントウは、成虫幼虫ともにアブラムシを食べますが、植物を食べるテントウムシもいます。

幼虫もアブラムシを食べる

虫

分類	コウチュウ目オトシブミ科
大きさ	オス8～10㎜　メス6～7㎜
分布	北海道～九州
時期	4～8月

卵を守る巣を葉っぱで器用に作る

エゴツルクビオトシブミ

エゴノキの若葉が好きな1㎝以下の小さな甲虫で、ツルのように首が長いのでツルクビといいます。メスは花が咲く5月頃に動き出し、エゴノキの葉を丸めた中に産卵、その中で幼虫は成長します。葉でできたこの巣を揺籃《ようらん》といいます。切り落とされて地面に落ちた揺籃が「落とし文」を思わせるのが名前の由来ですが、実際には切り落とさないケースが多数あります。「落とし文」とは直接言いにくいようなことを手紙に書いて落としておき、相手に拾わせて読んでもらう昔の習慣のことです。

見てみよう

手の込んだ不思議な揺籃

メスがたった一匹で行う揺籃づくり。葉の一部を横断するようにかみ切ってしおれさせ、それを巻き上げては筒状の巣に仕上げていきます。驚かされるのは、できあがった揺籃には、はかったように真ん中に１つの卵が産みつけられていることです。

きれいに葉を丸めた揺籃

虫

分類	コウチュウ目タマムシ科
大きさ	30～40㎜
分布	本州～南西諸島
時期	6～8月

宝石のように輝く美しいはねをもつ

タマムシ（ヤマトタマムシ）

成虫のえさとなるエノキやケヤキのある広葉樹の林の高いところで見られます。成虫は夏の1ヵ月が寿命で、日差しの強い日中に活発に動きます。金属光沢のある緑の地に、赤みを帯びた2本のスジがある前ばね。後ろばねは前ばねとほぼ同じ大きさで前ばねの下に隠れています。この輝くはねのおかげで、鳥に狙われにくいといわれています。また、「玉虫色」とはタマムシのはねのように角度や光によって色が変わって見えることをさし、はっきりしないあいまいなようすという意味もあります。

見てみよう

色あせない構造色の秘密

タマムシのはねが緑色に光るのは、「構造色」と呼ばれる仕組みによるもの。皮膚には何層もの薄い膜があり、それらの層で反射した光がまざって鮮やかに輝きます。構造色は時間が経っても退色しないので、法隆寺の玉虫厨子など装飾用に使われています。

光に当たったタマムシ

教えて!

虫が好きな樹木は?

虫を見つけるには、虫が好きな植物を探してみるのがいちばん！
虫ごとに好みがあるようです。

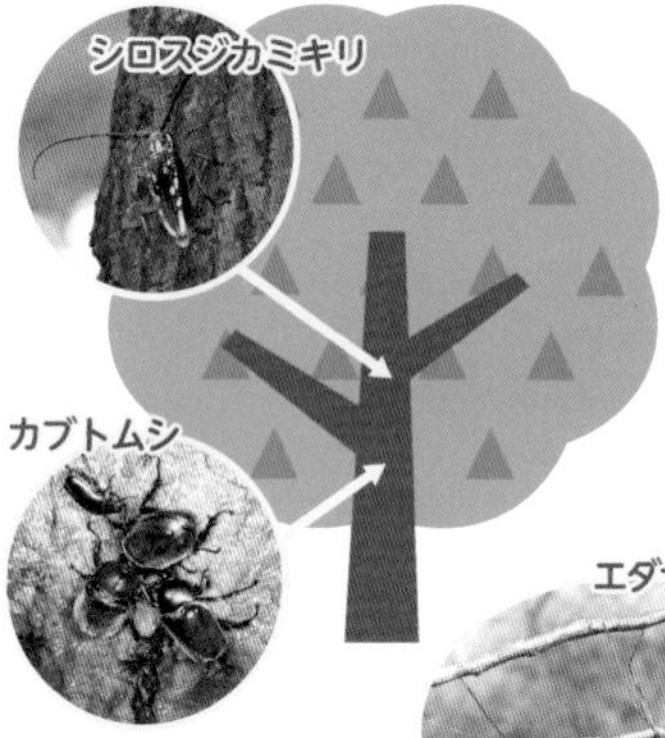

クヌギ・コナラ
(→ P.230、P.229)

特徴
・樹皮には縦すじがあり、でこぼこしている
・秋にはどんぐりができる

カミキリやカブトムシは樹液に集まりますが、スズメバチも来るので要注意。

エノキ (→ P.236)

特徴
・樹皮は灰色でざらざらとしている
・枝を広げて大きく育つ
・葉のふちは真ん中から葉先までギザギザしている

オオムラサキやゴマダラチョウは普段クヌギなどの樹液に集まりますが、産卵時はエノキにやってきます。幼虫は葉を食べます。

サクラ (→ P.210)

特徴
・サクラの仲間の樹皮には横すじが入っているものが多い
・葉は卵型で、葉先はとがっている
・ヤマザクラは小さい果実をつけるが、ソメイヨシノはほとんど果実をつけない

エダナナフシはサクラやコナラの葉を食べます。オオミズアオは産卵のときに来て、幼虫は葉を食べます。

分類　チョウ目アゲハチョウ科
大きさ　春型：40～45㎜　夏型：50～60㎜
分布　北海道～南西諸島
時期　4～10月

身近によく見かけるチョウ

アゲハ（ナミアゲハ）

春から秋にかけて、家のまわりや草むらなどさまざまなところでアゲハが花の蜜を吸う姿を見かけます。さなぎで冬を越して春に成虫になるもの（春型）と、春から夏にかけて卵から成虫になるもの（夏型）があり、同じ種でも夏型のほうが大きくなります。黄色っぽい色をしたキアゲハによく似ていますが別の種で、キアゲハは前ばねの付け根が黒っぽくなっています。アゲハチョウの仲間の多くはかんきつ類に卵を産み、幼虫はその葉を食べます。アゲハの後ろばねには水色やオレンジ色の斑点があります。

見てみよう

アゲハの幼虫を探してみよう

ミカンなどかんきつ類の木の葉っぱを見ると、鳥のフンのようなものが付いているのを見かけます。実はこれはアゲハの幼虫。幼虫は大きくなるにしたがって形が変わりますが、ふ化後の幼虫は鳥などの敵に襲われないように鳥のフンに擬態（→P.11）をしています。

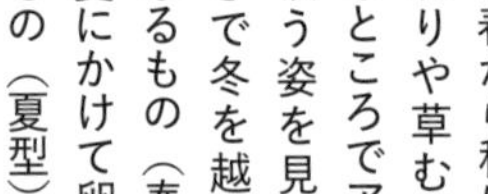

鳥のフンにそっくりな若齢の幼虫

知りたい！

日本にいるアゲハチョウの仲間

クロアゲハ

アゲハよりやや大きめ。オスはほぼ黒一色で、メスは後ろばねに赤い模様があります。

アオスジアゲハ

食草のクスノキ（→ P.221）が街に増え、街路樹などのまわりを飛ぶ姿を見かけることが多くなっています。

カラスアゲハ

山地や谷川のある林で見られます。黒いはねに青緑色に光る鱗粉があり、ゆったりと飛びます。

キアゲハ

アゲハとよく似ていますが、前ばねの付け根が黒く塗りつぶされています。幼虫はセリ科の植物を食べます。

ジャコウアゲハ

オスはお尻からジャコウ（香水の材料になるムスク）のような香りを出します。

ウスバシロチョウ

シロチョウという名前ですが、アゲハチョウの仲間です。春に現われ、透き通るような薄いはねが特徴です。

分類	チョウ目シロチョウ科
大きさ	25～30㎜
分布	北海道～南西諸島
時期	3～11月

春から秋に全国で見られる

モンシロチョウ

花壇や畑でよく見られる、ふわふわと飛ぶ白いチョウ。好物のキャベツ畑をメスが飛び回り、オスがメスを探してあたりを飛び回ります。細長く黄色い卵をキャベツなどのアブラナ科の植物に産みつけて、春から秋の間に地域によっては4～5回発生します。オスとメスでは、はねの模様や色などに細かな違いがありますが、紫外線を撮影できるカメラで見ると一目瞭然。メスのはねは白く、オスのはねは黒く見えます。モンシロチョウは紫外線でおたがいを見分けていて、オスにはメスが輝いて見えるようです。

見てみよう

食いしん坊な幼虫

モンシロチョウはキャベツが大好き。キャベツ栽培が広まるとともに全世界に分布を広げました。モンシロチョウの幼虫はほかのチョウの幼虫と比べても成長が早く、葉が穴だらけになるほど食べつくし、１日で２倍の大きさになることも。しかしアオムシコマユバチに寄生（→P.11）されることが多く、無事にさなぎになれる数は多くありません。

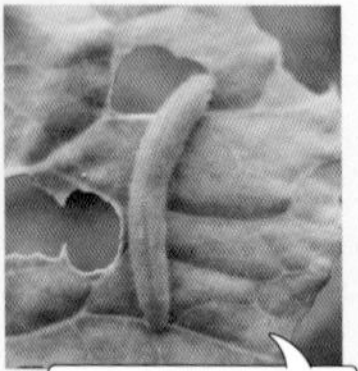

キャベツの葉が大好物！

虫

分類	チョウ目タテハチョウ科
大きさ	40～53㎜
分布	本州～九州
時期	4～10月

幼虫は茶色く姿を変えて越冬する

アカボシゴマダラ

雑木林にすみますが、幼虫が葉を食べるエノキ（→P.236）の木があれば、市街地にも姿を見せることがあります。幼虫はりっぱな角をもつ緑色のイモムシですが、年に3回ほど羽化します。そのなかでも冬を越すタイミングに発生したものは、エノキの木の下の落ち葉にもぐって春を待ちます。日本にもともと生息しているゴマダラチョウによく似ている帰化昆虫の本種は、はねに赤い模様があるのが特徴。春に羽化するもの（春型）にはその赤い模様がなく、特にメスは全体的に白いです。

見てみよう

ゴマダラチョウ（右）とアカボシゴマダラ（左）

日本に住みついた昆虫

海外から飛来するほか、輸入した荷物に紛れ込んだり、鑑賞用として人の手によって持ち込まれたりして、その土地で繁殖し野生化した昆虫を「帰化昆虫」といいます。食べ物を奪い合うことで、在来種（→P.11）の数が少なくなってしまうこともあります。

分類　チョウ目シジミチョウ科
大きさ　11～18㎜
分布　北海道～九州
時期　6～7月

虫

シジミ貝のように成虫も小さい

ミズイロオナガシジミ

シジミチョウの仲間は種類も数も多く、小さなはねをヒラヒラさせて花を渡り歩く姿を、街中から山野まで見ることができます。シジミチョウの多くはモンシロチョウの半分ほどの大きさで、名前の通りシジミ貝のように小さい種が多いです。ミズイロオナガシジミは、卵を産むクヌギのまわりで見かけます。夕方に活発に活動しますが、日中は木の上の葉かげで休んでいることも多く、いることに気がつかないかもしれません。名前は水色ですが、はねの裏側（外側）は白っぽく、表側（内側）は灰色です。

見てみよう

多種多様なシジミチョウの仲間

日本にいるシジミチョウの仲間はタテハチョウ科についで種類の多いチョウです。シジミチョウ科のチョウは日本で約80種といわれています。全般的に小型のものが多く、鮮やかな色やキラキラと光るものなど色や柄の個性は実に豊かです。

瑠璃色のはねをもつルリシジミ

虫

分類	チョウ目タテハチョウ科
大きさ	27〜38㎜
分布	東北南部〜南西諸島
時期	4〜11月

華やかなヒョウ柄のはね

ツマグロヒョウモン

タテハチョウは中ぐらいから大きいチョウの部類に入り、国蝶のオオムラサキや枯れ葉にそっくりなコノハチョウもタテハチョウの仲間です。ツマグロヒョウモンのメスはその名の通り、はねの端《つま》が黒くてヒョウのような模様があり、その姿は毒のあるカバマダラに似ています。毒のあるチョウに見せて天敵の捕食から身を守る「擬態」（→P.197）の一種です。幼虫は花壇のパンジーなどの葉を食べるので、市街地でも見られますが、あっという間に植えられている葉を食べつくしてしまうこともあります。

見てみよう

はねを広げてとまるチョウ

チョウとガの見分け方として、とまるときにチョウははねを閉じ、ガははねを開くとされるのは間違いで、タテハチョウ科のチョウははねを広げてとまることが多いようです。はねを広げているときには太陽の熱を吸収していて、体温調節に役立てています。

分類	チョウ目ヤママユガ科
大きさ	60㎜前後
分布	北海道～九州
時期	4～5月、7～8月

大きな緑のはねの美しいガ

オオミズアオ

きれいな薄緑色の大きなはねをもつガの仲間です。幼虫はサクラやカエデなど街路樹になっている木の葉も食べるので、市街地でも見られます。夜行性で、日中は木の幹や建物の壁にとまってじっとしています。光に向かって飛んでいく習性があるので、夜になると街灯や建物の明かりなどに集まり、その姿がよく目立ちます。春と夏の年2回発生し、夏に発生したガから生まれた次世代は、さなぎで越冬します。幼虫は大型のガらしく7㎝ほどと大きく、緑色の体にまばらに毛が生えているユニークな姿をしています。

見てみよう

成虫の目的は交尾のみ

チョウやガの成虫は、ストローのような口《こう》ふんを使い、花の蜜や樹液を吸います。ところがオオミズアオなどヤママユガの仲間は、この口ふんがありません。幼虫の期間に栄養をしっかり蓄えて、成虫の寿命の1週間ほどはエネルギーを補給せずに相手を見つけ、交尾して子孫を残すのです。

オオミズアオの幼虫

虫

分類　チョウ目スズメガ科
大きさ　25～30㎜
分布　本州（関東地方以西）～南西諸島
時期　6～9月に2回発生

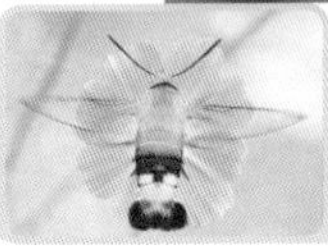

ハチのような飛び方をするガの仲間

オオスカシバ

スズメガの多くは夜行性ですが、オオスカシバは日中に活動します。公園の花壇などで花の周囲を素早く飛び回る姿は、ガというより大きなハチのように見えます。空中でホバリング（→P.11）しながら花の蜜を吸います。名前の由来は、はねが透けていることからきています。棒のようにしっかりとした触角を持ち、くびれのない大きなお腹で体全体がふさふさの毛に覆われています。幼虫が食べるのはクチナシで、葉だけでなく、花やつぼみも食べてしまいます。大きくなった幼虫は地面に下りてさなぎになります。

見てみよう

オオスカシバは人を刺す？

オオスカシバはハチのように見えることから刺すのでは？とか、毒があるのでは？ と思われがちですが、ガの仲間であるオオスカシバに毒はなく、人を刺すこともありません。ただ、オオスカシバが飛来する時期はハチも飛んでいるので注意しましょう。

分類 チョウ目ミノガ科
大きさ オス16㎜　メス（体長）25～30㎜
分布 本州～南西諸島
時期 5～8月

成虫よりもミノムシの姿で知られる

オオミノガ

オオミノガの幼虫は口から糸を吐き出して、枯れ葉をつなぎ合わせて巣を作ります。この巣が雨具の蓑《みの》に似ているので、蓑を背負った虫、ミノムシと呼ばれています。初夏にオスはミノを出て羽化しますが、口は退化しています。反対にメスは成虫になってもミノに入ったまま。口や脚、はねもありません。メスはフェロモンでオスを引きつけて交尾をし、ミノの中で卵を産み、卵がふ化するとミノを出て息絶えます。ふ化した幼虫はミノを出て、成長するにつれミノをあらたに作り変えて大きくしていきます。

見てみよう

あまり知られていない成虫の姿

オオミノガは日本のミノガの仲間では最大の種類です。オスの成虫ははねを広げると30～42㎜になります。触角は羽毛状で、体には長い毛が生えています。羽化したオスは6～7月頃、メスが入ったミノを探して飛び回ります。

オオミノガのオスの成虫

知りたい!

虫

虫の巣を見てみよう

巣は昆虫にとっての住居のほかにもいろいろな役割があります。

敵から身を隠すシェルター

ミノガの幼虫の巣はミノです。自分で吐き出した細くて強い糸を使い、枯れ葉や小枝などで作ります。自分の周囲のものを使うので環境になじみ、敵にも見つかりづらくなります。

泥で作る「とっくり」

トックリバチの仲間は、お酒を入れるとっくりのような巣を作ります。泥だんごを壁などに運び、土台となる場所に塗り固めて、つぼのような形を作って巣の中に卵を産みます。

食べる葉っぱで、巣も作る

オトシブミ（→ P.159）の仲間は幼虫が食べる葉で巣も作ります。葉に水分を行き渡らせる葉脈を切り、葉をしおれさせ、巻きやすくして筒状の巣を作ります。

植物にできる「虫こぶ」

アブラムシやタマバエなどの産卵・寄生によって、植物の細胞が肥大したものを虫こぶ(虫えい)といいます。昆虫や植物の種類、寄生する場所によって虫こぶの形はさまざまです。

分類　カメムシ目サシガメ科
大きさ　16〜24㎜
分布　本州（関東地方以西）〜九州
時期　5〜6月

お腹の模様が横綱の綱のよう

ヨコヅナサシガメ

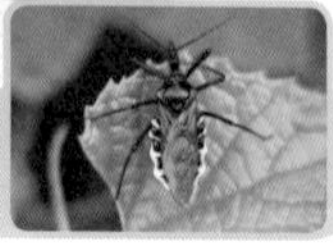

カメムシの多くは臭いにおいを出すことで知られます。危険を感じると臭い液を出して身を守ろうとします。ときには冬を越す場所を求めて人家に侵入することもあります。カメムシの仲間の多くは果実などの植物を吸汁しますが、サシガメの仲間はほかの昆虫の体液を吸います。ヨコヅナサシガメは幼虫のときにサクラなどの幹のへこんだところで、集団で冬を越します。幼虫も成虫も肉食で、「刺しガメ」の名の通り、細長い口《こう》ふんでイモムシなどを刺して体液を吸います。刺されるととても痛いので注意が必要です。

見てみよう

脱皮直後は鮮やかな色

カメムシは日本で千数百種類以上が確認されていて、成虫の色や形はさまざま。幼虫は５回脱皮をして、少しずつ色や形を変えながら成長します。羽化直後は透明感があり、赤や黄色など鮮やかな色をしているものもいます。

脱皮直後のヨコヅナサシガメ

知りたい！

日本にいるカメムシの仲間

クサギカメムシ

カメムシの中では大きい種類です。大発生してミカンやリンゴなどの果実を吸う害虫です。

チャバネアオカメムシ

幼虫時代に５回脱皮をして成虫になります。その名の通り、緑の体に茶色のはねがあります。

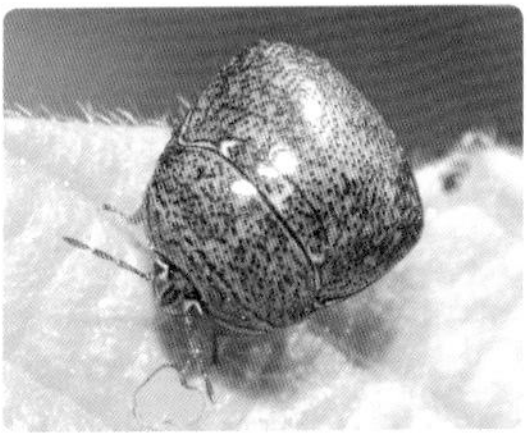

マルカメムシ

丸く小さい体です。成虫のまま越冬するので、暖かい場所を求めて人家に入ってきます。

エサキモンキツノカメムシ

体のハート形が特徴。メスはミズキなどの葉で産卵後、幼虫が分散するまで保護します。

アオクサカメムシ

日本の広い地域に生息し、住宅街でもよく見られます。幼虫にはカラフルな模様があります。

アカスジキンカメムシ

キンカメムシの仲間はみな美しく、本種は緑色の体に赤い模様があざやか。羽化したては全身黄色です。

虫

分類　カメムシ目アオバハゴロモ科
大きさ　9〜11㎜
分布　本州〜南西諸島
時期　7〜10月

葉っぱのような淡い緑の前ばね

アオバハゴロモ

生け垣や低木などの新しい枝で見られ、口ふんを刺して樹液を吸います。淡い緑色の大きな前ばねにはピンク色の縁取りがあります。とまっている姿は、体も後ろばねも前ばねにほぼ隠れているので、三角の小さな葉っぱのようです。ゆっくりと歩きますが、近づくとピョンとジャンプして跳ね上がります。集団で過ごす性質があり、たくさん集まってかんきつ類の枝の汁を吸い、樹木を枯らしてしまうこともあります。幼虫は綿毛のような白いロウ物質を身にまとい、その中で身を潜めて暮らしています。

見てみよう

綿のようなロウをまとう幼虫

広葉樹の枝に白い綿のようなものが付いていたら、アオバハゴロモの幼虫が隠れているかもしれません。幼虫が分泌するロウ物質は全身だけでなく植物の茎にも付着します。普段はゆっくりと歩きますが、近づくと成虫と同じようにジャンプして逃げます。

虫

分類 カメムシ目アワフキムシ科
大きさ 10～12㎜
分布 北海道～九州
時期 5～10月

泡の中に隠れて成長

シロオビアワフキ

シロオビアワフキは日本中に広く生息しています。はねに白い帯があるのが特徴で、刺激を与えると勢いよく跳ね上がります。ストロー状の口ふんを植物に刺し、液を吸って栄養にします。成虫の姿より知られているのがヤナギやマサキ、ヨモギなどの草木の枝や茎についた白い泡です。水やアンモニアなどを含む幼虫の排せつ物から石けんの成分ができて泡になります。泡の中にいれば幼虫は敵に襲われることはなく安全なので、大きな泡の中には幼虫が集団でもぐっていることもあります。

見てみよう

外敵から身を守る泡

アワフキムシの幼虫は自分で排泄した液体で泡を作り、その中で育ちます。幼虫を狙う昆虫は泡の中では呼吸ができずに窒息してしまいますが、幼虫は呼吸ができる特殊な体をしています。南フランスではカッコウが鳴く季節にアワフキムシ類の泡がよく見られるので、「カッコウのつば」と呼ばれています。

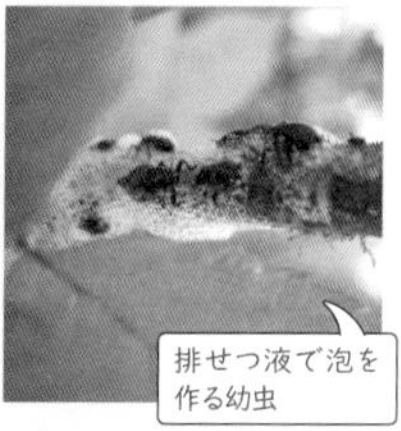

排せつ液で泡を作る幼虫

分類　カメムシ目ヨコバイ科
大きさ　13㎜前後
分布　本州～九州
時期　9～12月、4～5月

バナナのように黄色く細長い

ツマグロオオヨコバイ

はねの先が黒いため「ツマグロ」という名前ですが、黄色く細長い体の形から「バナナムシ」の愛称でも広く知られています。体長はヨコバイ科のなかでも大きく13㎜ほどで、頭と胸に合計6つの黒点があります。いろいろな植物の汁を吸うため平地から山地のさまざまな場所に生息します。成虫で越冬した個体が4月ごろ活動を始め、メスは5月に産卵します。ふ化した幼虫は成長し、9月頃に成虫になります。蛍光灯などの光にも集まるので、人家の網戸に止まっていることもあります。ストロー状の口ふんで植物の汁液を吸います。

見てみよう

葉に集まるツマグロオオヨコバイ

横にはって歩く姿がユニーク

ヨコバイ科の仲間は危険を察知すると横に歩いて逃げるため、「横ばい＝ヨコバイ」という名前がついています。ツマグロオオヨコバイは葉の上に集団でいることが多く、危険を察知すると横ばいをして葉の裏に隠れます。すごいジャンプ力の持ち主で、ピョンピョン跳ねる姿も印象的です。

分類	カメムシ目セミ科
大きさ	32〜40㎜
分布	北海道〜南西諸島
時期	6〜9月

梅雨時期から鳴き始めるセミ

ニイニイゼミ

日本に広く生息し平地や低山地の雑木林で見られる小ぶりのセミ。一時生息数が減少した東京都心でも、近年は増加傾向にあります。都市部で最初に鳴きだすセミで、日中をとおして「チィー」「ジィー」と語尾を長くのばしながら音程を上げ下げして繰り返し鳴きます。左右に張り出した前胸の三角形の突起と前ばねのまだら模様が特徴です。地味な体色が保護色になり、サクラにとまっていると鳴き声は聞こえるのに姿は見えないことがあります。幼虫期は約4年と長く、比較的木の根元のほうで羽化します。

見てみよう

泥だらけの抜け殻

ニイニイゼミの抜け殻は猫背のように丸く小型。抜け殻が泥だらけなのは、ほかの種類と違って幼虫が水分の多い地中環境を好むことと、幼虫の皮ふの表面に細かい毛がたくさん生えていて泥が付きやすくなっているためと考えられています。

全身に泥がついたニイニイゼミの抜け殻

分類	カメムシ目セミ科
大きさ	57～63㎜
分布	北海道～九州
時期	7～9月

「ミーンミーン」は日本の夏の風物詩

ミンミンゼミ

透明のはねに鮮やかな王冠のような模様が特徴です。北海道から九州まで日本各地に生息。関東では平地で、関西では標高のやや高い山地で見られます。オスは太陽が昇り、あたりが明るくなり始めると「ミーンミンミーン」と大きな音で鳴き、ひと鳴きしてはほかの木に移る「鳴き移り」という行動をします。サクラやケヤキなどによく止まり、メスが近寄ると鳴き声のテンポを変えて交尾に誘います。透明なはねと体のもようがツクツクボウシに似ていますが、大きさが明らかに違うので簡単に区別できます。

見てみよう 「ミーンミーン」は夏を表す？

暑い夏の日のシーンに「ミーンミーン」という効果音がよく使われます。ミンミンゼミは生息地に偏りがあり、東日本の太平洋側では街中でよく聞かれますが、西日本の都市部にはほとんど生息していません。「シャーシャー」と鳴くのはクマゼミです。

分類	カメムシ目セミ科
大きさ	53～60㎜
分布	北海道～九州
時期	7～9月

街中で一番よく見られるセミ

アブラゼミ

「アブラゼミ」という名前は、その「ジージリジリ」という鳴き声が、油を熱したときに聞こえる音に似ていてつけられたもの。街でよく見かける茶褐色のはねのセミですが、セミのはねは透明であることがほとんどなので、世界的にみても不透明のはねをもつアブラゼミは珍しい存在です。またアブラゼミは、生息密度が高くなると「夜鳴き」をすることで知られています。樹皮に産みつけられた卵は翌年にふ化し、幼虫は4～6年を地中で過ごし地上に出現して羽化。成虫の寿命は2～3週間くらいです。

見てみよう

神秘的な羽化を見に行こう！

夏の夜、運がよければアブラゼミが羽化するようすが見られます。土から出た幼虫は場所を決めるとしばらくじっとします。まず背中に縦の裂け目が入り、1時間ほどかけて成虫がゆっくり出てきます。羽化したてのはねはきれいな薄緑色。体やはねが硬化し、飛べるようになるまで数時間かかります。

羽化するアブラゼミ

分類　カメムシ目セミ科
大きさ　40～47㎜
分布　北海道～トカラ列島
時期　7～9月

楽器が奏でるような独特の鳴き声

ツクツクボウシ

鳴き始めるのは夏になってしばらくしてから。ほかのセミより遅いですが、その鳴き声はどのセミとも違ってすぐにわかります。普通は「オーシーツクツク」とゆっくりとしたリズムで鳴き始め、それがだんだんとテンポが速くなり、さらに鳴き方自体も途中で変わります。警戒心が高いオスは動きが速く、人が近づくとすぐに逃げていきますが、産卵場所を探しているメスは低い木にじっとしています。メスは産卵のために、おしりにある細い管（産卵管）で木に穴をあけ、そこに卵を産みます。

見てみよう

注意して見ないとなかなか気が付かないセミの塔

「セミの塔」って何？

セミの抜け殻のある公園の地面に土の固まりが見られることがあります。これはセミの幼虫が羽化のために地中からはい出すときに掘った穴と、その周りに盛り上げた土です。「セミの塔」と呼ばれ、ツクツクボウシやアブラゼミなどが作ります。

虫

分類	カメムシ目セミ科
大きさ	40～47㎜
分布	北海道～奄美大島
時期	7～9月

夏の終わりを告げる鳴き声

ヒグラシ

俳句でヒグラシは秋の季語ですが、実際は6月下旬頃から現れます。その名のとおり、辺りが暗くなる日暮れに「カナカナカナ」と鳴きますが、夜明けや雨上がりにもその声を聞くことがあります。日中に鳴かないのは、明るすぎたり、暑すぎたりするのを嫌っているからで、日中でもスギやヒノキなどの薄暗い針葉樹の森では鳴き声を聞くことがあります。はねは透明で背中の模様が樹皮のように見えるので、姿はなかなか探せません。オスのお腹の中は大きな空洞になっていて、鳴き声がよく響きます。

見てみよう

寄生するセミヤドリガ

セミのお腹の背面に、セミヤドリガの幼虫が寄生していることがあります。４齢幼虫までは、薄い赤褐色をしていてあまり目立ちませんが、５齢幼虫の色は純白なので寄生されたセミはすぐにわかります。５齢幼虫はやがてセミの体を離れてマユを作ります。

ヒグラシに寄生するセミヤドリガの幼虫

教えて!

「夜の公園散歩」をしてみよう

夜に活動をする昆虫たちの生態を見てみましょう。

夜の昆虫観察の準備

- 夕方から夜に出かけるときは必ず大人と一緒に出掛けましょう
- とげや虫刺されから守るために長袖、長ズボンがおすすめ
- 虫よけスプレーを使う場合は昆虫にも影響するので、自宅でスプレーしてから出かけましょう

あると便利なもの

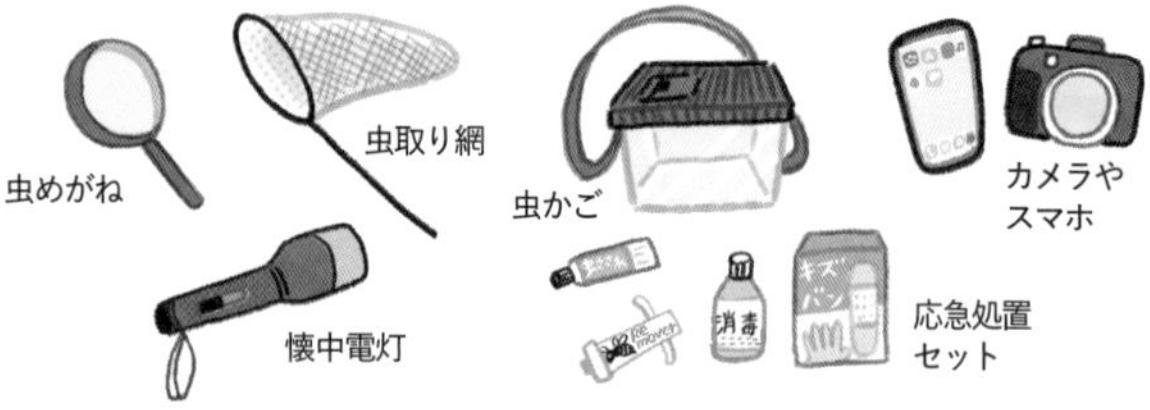

セミの羽化を見てみよう

セミの幼虫はどこにいる?

場所
- セミがよく鳴いている雑木林や公園の木
- 抜け殻がついていたり、セミが出てくる穴がある木を日中に下見しておくとよい

時間
- 18時～20時ごろ
- 夕方に土の中から出てきて木に登り始め、2～3時間かけて羽化する

アブラゼミの羽化のようす

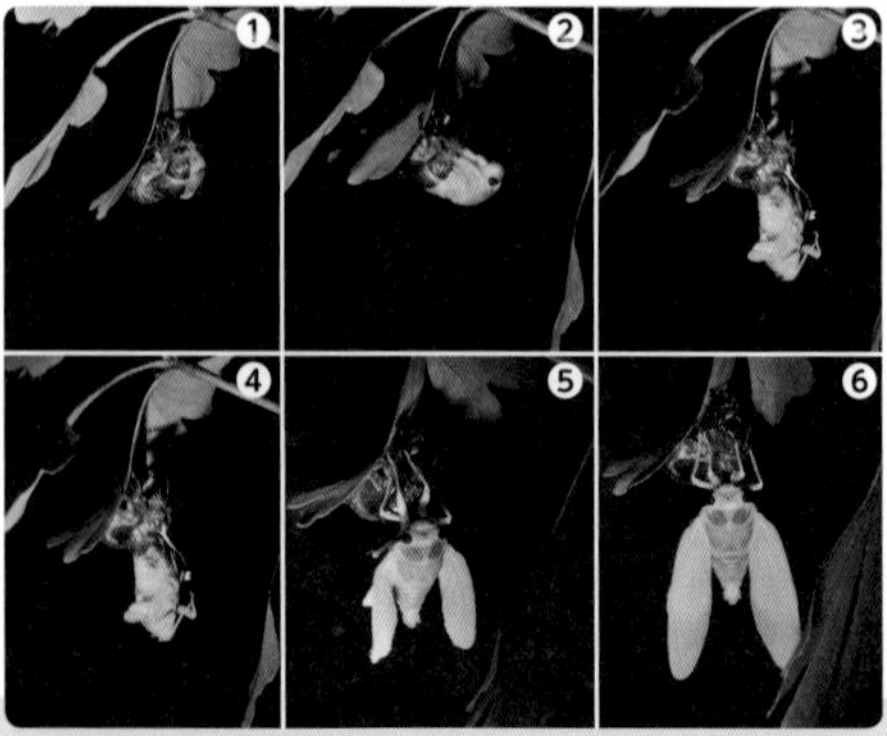

注意 羽化中のセミは傷つきやすいので触らずに見守りましょう

教えて!

「昆虫酒場」の昼と夜

昆虫たちが大好きなおいしい樹液が出る木は、昼と夜では集まる顔ぶれが違います。それぞれどんな虫がいるでしょうか。

昆虫酒場とは

樹液が発酵した甘酸っぱいにおいに誘われて、昆虫が集まる場所のことです。コナラやクヌギ、ヤナギの木を見てみましょう。

昼

花に集まるチョウはあまり樹液には集まりません。昼間はとくに、樹液を吸ったり、集まる昆虫を狙ったりするスズメバチがいることも多いので要注意。

オオムラサキとカナブン

樹液に集まった虫たち

集まる昆虫

- オオムラサキ
- オオスズメバチ
- ヒメスズメバチ
- カナブン　など

夜

カブトムシやクワガタ、ガなど夜行性の虫が集まってきます。夜行性のクワガタでも、ミヤマクワガタやノコギリクワガタは昼間にいることもあります。

クロヒカゲ

集まる昆虫

- カブトムシ
- コクワガタ
- ノコギリクワガタ
- クロヒカゲ　など

樹液をなめるカブトムシ

分類	ハチ目ミツバチ科
大きさ	13㎜（働きバチ）
分布	本州～九州
時期	3～11月

日本の気候に適したたくましいミツバチ

ニホンミツバチ

日本では蜂蜜をとるために育てられているミツバチが2種類います。ひとつは養蜂のために改良されて海外から移入されたセイヨウミツバチ。もうひとつがもともと日本にいるニホンミツバチです。ニホンミツバチはセイヨウミツバチと比べると体が黒っぽいのが特徴。セイヨウミツバチのほうが年間に収穫できる蜂蜜の量が多いため、養蜂の現場ではセイヨウミツバチのほうが圧倒的に多いのですが、寒さや天敵にも強く、日本の気候に適しているニホンミツバチの養蜂が見直されつつあります。

見てみよう

蜂蜜はどうやってできる？

働きバチは花の蜜を吸って体内に取り込み、巣に戻ります。集めた蜜は巣にいる別のミツバチに口移しで渡されます。ハチは巣の中に蜜を蓄え、はねであおいで水分を蒸発させて濃くします。唾液に含まれる酵素が蜜の糖を分解。さらに甘い蜂蜜になります。

ニホンミツバチの巣

分類　ハチ目ミツバチ科
大きさ　22㎜前後
分布　北海道～九州
時期　3～11月

ずんぐりとした体のおとなしいハチ

クマバチ

ブーンと大きな羽音で飛び回るため怖いハチというイメージがありますが、実はとてもおとなしい性格です。クマのようなずんぐりとした体形からこの名前がつきました。何もしなければ攻撃されることはまずありません。また、ミツバチやスズメバチのようにたくさん集まって群れ（コロニー）を作ることもなく、単独行動します。交尾したメスは5～6月に木に穴をあけて、そこに花粉と蜜を集めて子育てをします。メスには針があるので子育てしている巣には不用意に近づかないようにしましょう。

見てみよう

クマバチの巣穴アパート

クマバチは木の幹などをかみ砕き、穴をあけて巣を作ります。穴の大きさは成虫が入ることができる直径2㎝。内部は30～40㎝ほどになり、個室を作って各部屋に卵を産みます。人家に巣を作ってしまった場合は被害が大きくなるので注意が必要。丈夫なので、何世代にもわたりその穴を利用します。

巣で休むクマバチ

分類	ハチ目スズメバチ科
大きさ	14～18㎜
分布	本州～沖縄
時期	4～10月

住宅地で見ることが多いアシナガバチ

フタモンアシナガバチ

スズメバチ科のハチですが、性質はおとなしく、巣を強く刺激しない限り刺してくることはありません。名前の「フタモン」の由来は2つの丸い紋のような模様が腹部にあること。飛んでいるときは長い足をだらりと下げていて、黒い体に鮮やかな黄色の筋が目立ちます。巣の大きさは10㎝ほどで、大きな集団は作りません。ハスの実のような形の巣で、むき出しになっているので巣穴や中にいる幼虫を観察することができます。幼虫のえさは、アオムシなどを捕獲してかみ砕いて作る肉団子です。

見てみよう

計算されたハチの巣

ハチの巣穴はどんなものでも六角形です。その理由は無駄な空間ができないから。正多角形のなかで、隙間なく並べられるのは正三角形、正方形、正六角形ですが、この中で断面が丸い幼虫を無駄な隙間を作らず収容できるのが正六角形。自然が作り上げた効率のいい形なのです。

卵がさなぎになるまでは巣穴の中を見ることができる

分類 ハチ目スズメバチ科
大きさ 30～40㎜（働きバチ）
分布 北海道～九州
時期 4～10月

刺されると命にも関わる

オオスズメバチ

性質は極めて攻撃的で、針には強い毒があります。大きな触角と鋭いあごをもつオオスズメバチはスズメバチの中で世界最大。夏の終わりから秋の新しい女王バチが生まれる時期は、働きバチが巣を守るために神経質になり攻撃性も高まるので、特に注意が必要です。毒針をもっているのは働きバチで、メスの産卵管が変化したものが針になっています。樹木や土の中の空洞に集団で生活し、巨大な巣を作ります。強力なあごでとらえた虫をかみ砕いて幼虫のえさにするほか、クヌギなどの樹液も集めます（→P.183）。

見てみよう

アナフィラキシーショックとは？

ハチの毒が体に入ることで引き起こされるアレルギー症状で、１度刺されて抗体をもっている人が再度刺されると症状がひどくなることが多いようです。体質によっては刺されたのが初めてでも、激しく反応する人も少なくありません。場合によっては死に至る危険な症状におちいることもあるので注意が必要です。

分類	トンボ目オニヤンマ科
大きさ	95～100㎜
分布	北海道～南西諸島
時期	6～10月

日本で最も大きいトンボ

オニヤンマ

すばやく空中を飛び回る高い飛行能力をもっています。黒い体に鮮やかな黄色の縞《しま》模《も》様《よう》。エメラルドグリーンの大きな眼。そのスマートな姿から、人気も昆虫界でトップクラスです。肉食の昆虫で、空中でハエやアブなどを捕らえます。成長したオスは小川の流れにそって自分の縄張りをもち、その上を往復しながらパトロールをします。ほかのオスが縄張りにやってくると追い払い、メスがやってくると繋がって交尾をします。メスは流れが穏やかなきれいな小川などを探して卵を産みます。

見てみよう

自在に飛べるはねのつくり

トンボのはねは、カブトムシのようにしまえたり、チョウのように体に添わせたりすることはできません。しかし、とても薄い4枚のはねを1枚ごとに自由に動かすことができて方向転換が得意。はねの断面がデコボコしていることで空気の渦を作り、弱い風のときでも浮く力が生じます。

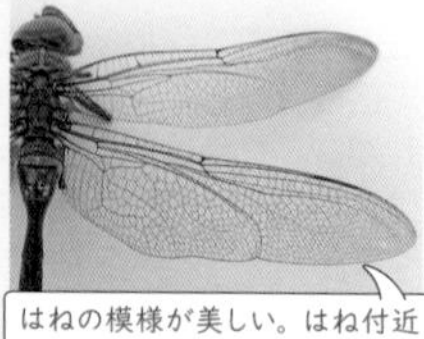

はねの模様が美しい。はね付近の胸は筋肉が発達している

分類	トンボ目ヤンマ科
大きさ	70～80㎜前後
分布	北海道～南西諸島
時期	5～10月

昆虫界のスピードスター

ギンヤンマ

日本全国で広く見られるトンボで、日当たりのいい池などでよく見かけます。直進速度の速さ、空中にとどまるホバリングなど、昆虫界トップクラスの飛行能力があります。オスのお腹の付け根がきれいな水色で一部が銀白色になっていることから「ギン」の名前がつけられました。縄張りの意識が強く、オスはしっぽの先で自分の縄張りに入ってきたメスの首をつかみ、ハート型になって交尾をします。オスとメスはメスが産卵するときも繋がったままで、水辺の植物に産卵管を突き付けて卵を産みます。

見てみよう

屋外プールにいるヤゴ

夏の水泳シーズン後の屋外プールはトンボが産卵のためにやってきます。プール開きの掃除前にヤゴの観察を行う小学校もあります。トンボは種類によって産卵方法が違う（→ P.193）ので、プールに適する産卵をするのは、シオカラトンボやアキアカネなどに限られています。

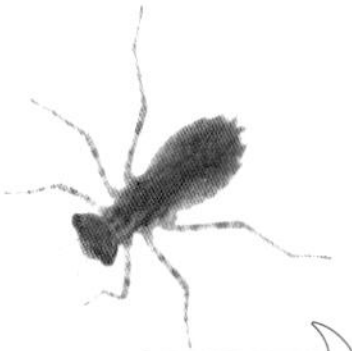

アキアカネのヤゴ

分類	トンボ目トンボ科
大きさ	44～54㎜
分布	北海道～南西諸島
時期	5～10月

大陸から海を越えてやってくる渡りトンボ

ウスバキトンボ

日本各地で見られるだけでなく、世界すべての大陸の熱帯～亜熱帯の地域に生息しています。「渡り」をするのが特徴で、日本には春先に東南アジアや中国から最初に渡ってきます。7月の旧盆頃に一番多くなるので「盆トンボ」、または死者の生まれ変わりで「精霊トンボ」などとも呼ばれます。同じトンボでもオニヤンマなどは産卵から羽化まで何年もかかりますが、ウスバキトンボは産卵から羽化まで約40日と短いので、春から秋の間に何度も羽化をくり返しながら日本列島を北上します。

見てみよう

季節風に乗って海も渡るウスバキトンボ

風に乗って海を越えてやってくる

はねをあまり羽ばたかせず、風に乗ってグライダーのように飛ぶことができるので、長時間の飛行が可能です。体はきゃしゃで軽量ですが、大きなはねをもっていて、長距離飛行が得意なことでも知られています。陸から遠く離れた海上での目撃情報も多くあります。

分類 トンボ目トンボ科
大きさ 40㎜前後
分布 北海道～九州
時期 6～12月

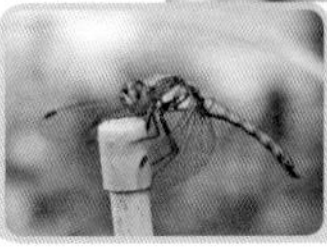

山と里を行き来する赤トンボ

アキアカネ

　秋の風物詩である赤トンボ。その代表がアキアカネです。秋になるとよく見かけるトンボなので、秋に発生すると思われますが、羽化するのは春から初夏にかけてです。アキアカネは暑さに弱いので、暑い夏の間は標高の高い涼しい場所に移動して姿が見えなくなり、秋になって気温が下がってくると繁殖のために集団で里に戻ってきます。赤いのは成熟したオスだけで、メスはそれほど赤くなりません。またオスも体の下の部分は黄色いままなので、全身が真っ赤になるナツアカネと識別することができます。

見てみよう

いろいろな赤トンボ

「赤トンボ」は特定の種ではありません。アキアカネのほか、ナツアカネ、マユタテアカネなどトンボ科・アカネ属のトンボを赤トンボと呼びます。アカネ属ではないため赤トンボと呼ばれないショウジョウトンボもその姿は真っ赤です。

赤トンボより赤いショウジョウトンボ

虫

分類	トンボ目トンボ科
大きさ	50～55㎜
分布	北海道～南西諸島
時期	4～10月

メスの産卵を見守るトンボ

シオカラトンボ

成熟したオスの体の表面に白く塩をふいたような粉があることが名前の由来。メスや未成熟のオスは黄色なので「ムギワラトンボ」とも呼ばれます。公園の池や屋外プールでよく見られる中型のトンボです。オスは縄張りをもち、枝先にとまって獲物を待ちかまえます。近くにライバルのオスが来ると追いはらい、また同じところに戻ってくる習性があります。交尾のあとメスはおしりを水に打ちつけて産卵しますが、オスはその間メスを見守り、ほかのオスに邪魔されないように見張ります。

見てみよう

オスに変身して産卵するメス？

トンボの仲間にはメスなのにオスと同じ色になる「オス型のメス」が出ることがあります。これは産卵を邪魔するオスを避けるためと考えられています。数は少ないですが、シオカラトンボにもオス型のメスがいることが知られています。

シオカラトンボのオス型のメス

もっと トンボの産卵を見てみよう

トンボの産卵は大きく２つに分けられます。

飛びながら産卵

メスの尾の端に生殖弁《せいしょくべん》という、卵を空中からまくときに開けるフタがあります。

水中

アキアカネ

オスとメスが連結したまま、生殖弁を水面に連続して、打つように産卵します。

空中

ナツアカネ

オスとメスが連結したまま、メスは空中でお尻を打つように振ります。

止まって産卵

メスの尾の端に産卵管《さんらんかん》という、卵を産みつける針のような器官があります。

植物の茎の中

ギンヤンマ

オスとメスが交尾し連結したまま、メスが産卵管を水面に近い植物の茎の中などにさしこみ、卵を産みつけます。

土や泥の中

ヤブヤンマ

メスが単独で産卵管を水辺近くの土の中にさしこみ、卵を産みつけます。

虫

分類　バッタ目バッタ科
大きさ　オス35～40㎜　メス45～65㎜
分布　北海道～南西諸島
時期　7～11月

殿様のような風格ある大ジャンプ

トノサマバッタ

トノサマバッタは飛ぶのが上手。はねを大きく広げて力強く羽ばたき、地にどっかりと腰を下ろすように着地します。メスより体の小さいオスのほうが飛翔能力は高く、１００ｍ以上も飛ぶことがあります。警戒心が強く、外敵や人が近づくと狙いをつけられないようジグザグに飛ぶこともできます。ほかによく見られるショウリョウバッタは、メスが75～80㎜と日本のバッタで最大の大きさ。オスはメスに比べると50㎜と小さく、飛ぶときにキチキチとはねを打ち合わせるので「キチキチバッタ」とも呼ばれます。

見てみよう

黒色の長距離移動型

変身するトノサマバッタ

バッタの仲間の一部は、育つ環境により体が変化します。これを「相《そう》変《へん》異《い》」といい、バッタ同士が密集すると、ぶつかり合う刺激で後脚が短く、前ばねは長く、色も黒くなります。はねが長くなることで高い飛翔能力を得ます。えさを求めて集団で移動し、農作物に被害を与えることもあります。

分類	アミメカゲロウ目ウスバカゲロウ科
大きさ	前ばね35～45㎜
分布	北海道～南西諸島
時期	6～10月

薄暗い林でひらひらと飛ぶ

ウスバカゲロウ

名前はカゲロウとついていますが、水生昆虫で成虫になると短命のカゲロウとはまったく別の昆虫です。この虫は成虫で3週間以上生きます。大きく透き通ったはねをもち外見はトンボに似ていますが、トンボのようにすばやくは飛びません。夜行性で日中は薄暗い林でひらひらと飛行し、夜は街灯に集まっているのを見られます。幼虫はワナを作るのが得意なアリジゴク。乾燥した細かい土の中にすり鉢状の巣穴を作り、巣穴の底に潜んで落ちてくるアリやワラジムシなどを大あごでかみつき体液を吸います。

見てみよう

飢えに強いアリジゴク

アリジゴクは２年ほどを土の中で生活します。巣穴から出てほかの虫を襲うわけではないので、１ヵ月以上まったく食べ物にありつけないこともありますが、何も食べなくても１ヵ月以上は生きられるほど強い生命力を備えています。

ウスバカゲロウの幼虫、アリジゴク

虫

分類　ナナフシ目ナナフシ科
大きさ　70～100㎜
分布　本州～九州
時期　7～11月

木の枝そっくりの不思議な昆虫

エダナナフシ

はねがなく、緑や茶色の細長い体は木の枝そのものに見えます。じっとしている姿は注意深く観察してもなかなか見つけられないほど、見事に木の枝に擬態（→P.197）しています。サクラやコナラなどの葉を食べるため、木の上に生息しています。幼虫期には敵に襲われると自分で足を切って逃げます。幼虫の間は脱皮を重ねるごとに足を少しずつ再生させますが、左右の足の長さがそろっているものはなかなかいません。よく似ているナナフシモドキは、触角が短いので区別できます。

見てみよう

卵は植物の種子のよう

ナナフシのなかにはオスがほとんどいないためメスだけで増える種類もあります。産卵のときは、木の上から植物の種子のような形の茶色や灰色の卵を地面にパラパラと産み落とします。広範囲に産卵するのは、幼虫が生き残る確率を上げるためと考えられます。

まるで木の実の集まりみたいな卵

知りたい!

ものまね上手な昆虫

木の枝にそっくりなナナフシのように、外敵から身を守るために何かに体を似せることを擬態《ぎたい》といいます。

周囲の環境にとけこみ身を隠す

体を葉っぱや木の枝に似せている昆虫は、動いてしまうと見つかってしまいます。少し触ったぐらいでは動かない、擬死《ぎし》の状態になっていることもあります。

コノハチョウ

コノハチョウのはねは表があざやかな青、裏は茶色をしています。はねを閉じていると枯れ葉そのものです。

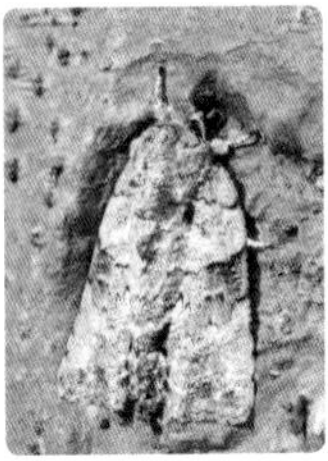

キノカワガ

樹木の皮にそっくりなガです。はねはでこぼこしています。樹の幹にとまったまま、冬を越します。

アゲハ

アゲハ類の幼虫は、小さいときは鳥のフンに擬態し、大きくなると植物と同じ緑色の保護色になります。

危険な昆虫に似せている

ヨツスジトラカミキリ

黒と黄色の体の模様がハチによく似ていて、鳥が敬遠します。

目玉のような模様がある

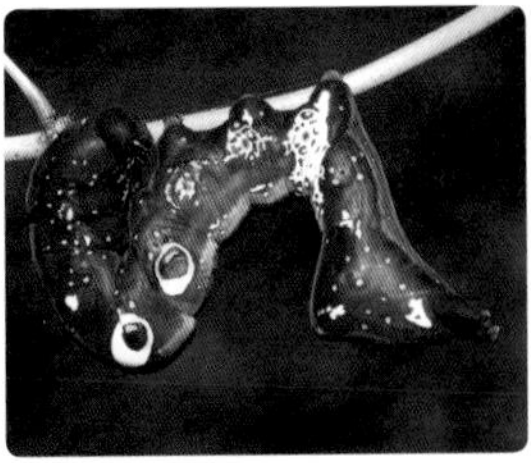

アケビコノハの幼虫

チョウやガなど、動物の目に似た模様をもつ種類がいます。鳥が苦手な目玉模様を見せ身を守ります。

分類	クモ目コガネグモ科
大きさ	オス5～7㎜　メス20～30㎜
分布	本州～南西諸島
時期	5～9月

張った網で獲物をじっと待つ

コガネグモ

クモの仲間では大きい種で、初夏にえさとなる昆虫が多くいる草原に姿を現します。円形の大きな網を作り、中心にはX字状の「かくれ帯」（→P.203）という糸の装飾を作ります。このかくれ帯は紫外線を反射して昆虫をおびき寄せる役割があると考えられています。獲物を捕らえるときは、網の中心で頭を下にして前の脚2対と後ろの脚2対をそれぞれそろえ、獲物がかかるのをじっと待ちます。網にかかれば、その振動に反応してすばやく獲物に近づき、糸でぐるぐる巻きにしてからかみつきます。

見てみよう

獲物を捕らえるクモの網

クモの網は枠糸と縦糸、横糸からできています。枠糸と縦糸を張った後で、中心から外側へ放射状に足場糸を張ります。外側から内側へこの足場糸を切りながら、ねばねばが付いた横糸を張って、獲物を捕らえることができる網になります。クモは縦糸の上を移動するので、糸に絡むことなくスムーズに動くことができます。

美しく放射状に張られた網

分類	クモ目ジョロウグモ科
大きさ	オス6～10㎜　メス20～30㎜
分布	本州～南西諸島
時期	7～11月

黄色と黒の妖しく華やかなクモ

ジョロウグモ

公園などでも見られるクモです。春に卵からかえり7～8回かけて脱皮を繰り返して大きくなります。夏から秋にかけ、ときに直径1m以上になる馬てい形の大きな網を張ります。大人のオスは自分で網を張ることなくメスの網に入り込み、生活をしながら交尾の機会を待ちます。網は大きいだけでなくとても細かいので、さまざまな獲物がかかります。小さな昆虫も捕らえることができるので、都会の公園でも見られます。獲物にかみついてから糸で巻き、網の中央に運んで食べます。

見てみよう

左下のメスの上にいる小さなクモがオス

オスはとても小さい

網を張るクモはたいていメスのほうがオスより大きいです。ジョロウグモの場合は、メスのお腹が大きく、黒と黄色のまだらに鮮やかな赤い模様があります。一方のオスは、色も地味で茶色一色。また大きさの違いは極端で、オスはメスの５分の１くらいしかありません。

分類	クモ目コガネグモ科
大きさ	オス15～20㎜　メス20～30㎜
分布	北海道～南西諸島
時期	5～10月

網の張り替えは毎日の日課

オニグモ

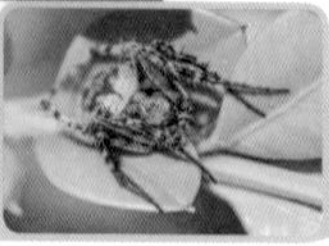

夜行性で日が暮れると活動を始め、大きな円形の網（→P.203）を30分ほどで張り、獲物を捕らえます。捕らえるときは、獲物を脚で素早くまわしながら糸でぐるぐる巻きにします。夜が明ければ、せっかくの網を壊しながら食べ、網の張り替え時に再利用します（地域差や個体差があり、網を張りっぱなしのものもいます）。昼間は木の葉の裏や建物の軒下でじっとしています。人家の周りで見られ、大きな体にとげの生えた立派な脚は迫力満点。知らない間に通路などに張られて人が絡まることもあります。

見てみよう

ジョロウグモの子グモのまどい

クモのまどい

「まどい」は１か所に集まるという意味があります。「クモのまどい」とはクモが卵のうから出てきたあと、集団で生活するようすのことを指します。また、何かに驚いた子グモがあちこちに逃げ回るようすに例えて、ひとつの場所から大勢が散り散りになることを「クモの子を散らす」といいます。

虫

分類　クモ目タナグモ科
大きさ　オス12～14㎜　メス14～17㎜
分布　本州～南西諸島
時期　7～10月

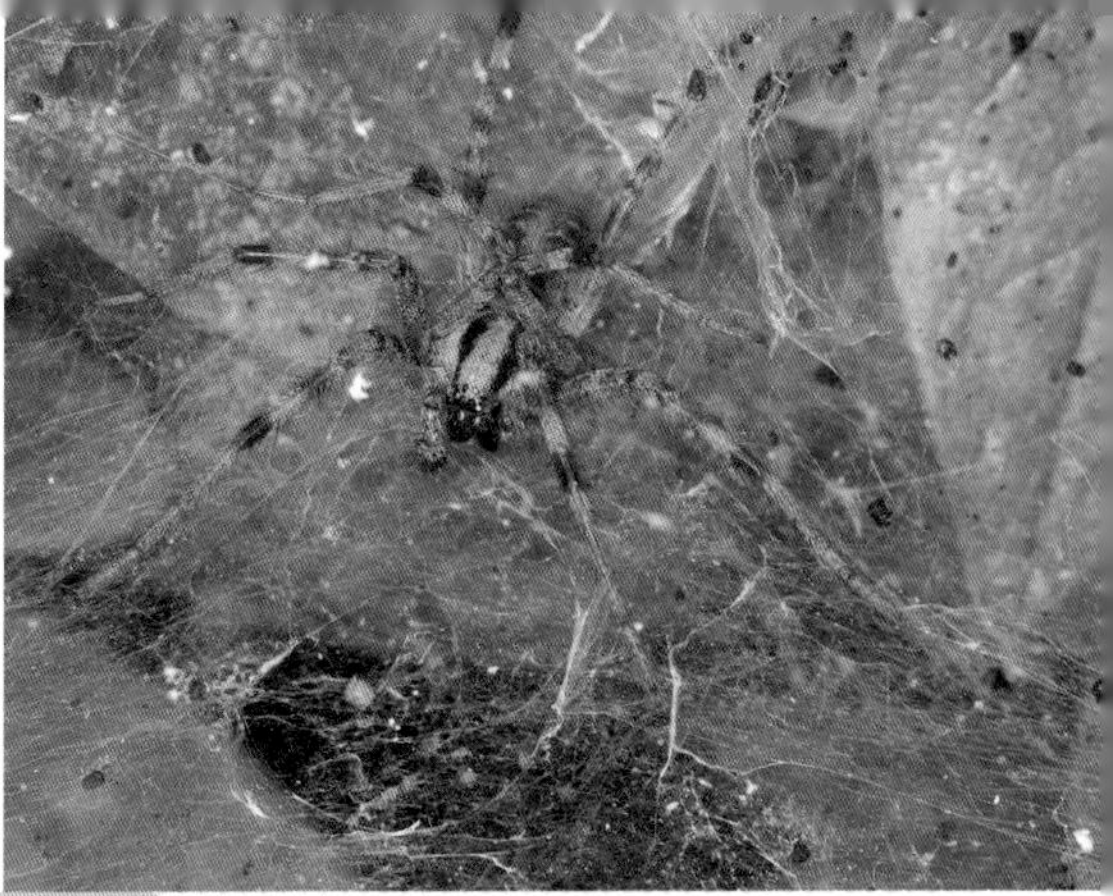

網の修繕が上手なクモ

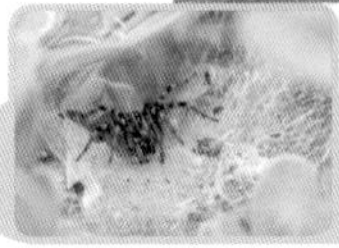

クサグモ

低木や生垣に棚網《たなあみ》といわれるシート状の網を作るのが特徴です。網には獲物を捕まえるための粘着性はないのですが、網に虫が落ちてくるとすばやくかみついて獲物にします。また、棚網に穴があくと多くのクモは新しく張り替えますが、クサグモは穴の箇所を修繕することで知られています。網の奥には糸で作ったトンネルの住居があり、危険が迫るとすぐに奥に逃げ込みます。メスは8月頃にこのトンネルの奥に白い多面体の卵のうを作ります。子グモはこの中で冬を過ごし、春に出てきます。

見てみよう

コガタコガネグモの脱皮

クモの脱皮

クモやエビ、カニなどの節足動物は硬い殻（外骨格）で体を覆っています。幼体は成長して体が大きくなると、硬い殻が窮屈になるために脱皮を繰り返します。脱皮直後の皮は柔らかく傷つきやすいのですが、もし脱皮前に脚を失うことがあっても、脱皮後に少しずつ再生されます。

分類	クモ目ハエトリグモ科
大きさ	オス6～7㎜　メス7～8㎜
分布	北海道～九州
時期	4～9月

高いハンティング能力が自慢

ネコハエトリ

ハエトリグモは、英語でジャンピングスパイダーというように、ジャンプして獲物を捕らえます。ネコハエトリという名前は獲物にそっと近づき、ジャンプして捕える動きがネコ科の動物の狩りに似ているからだといわれています。花壇の葉っぱの上で見かけますが、ぴょんぴょん跳ね回るので捕まえるのは至難の業。オスは黒っぽく、メスは毛深く明るい褐色です。神奈川県横浜市では「ホンチ」、千葉県富津市では「フンチ」と呼ぶネコハエトリのオス同士を戦わせる昆虫相撲の伝承遊びがあります。

見てみよう

視力もよいつぶらな瞳

網を張るクモの視力は発達していませんが、ハエトリグモなど歩き回るクモは視力がよい種類です。ネコハエトリを観察すると、大きな眼のついた頭を動かしてキョロキョロとあたりを見回すようすが見られます。オスがメスに求愛するときも、足を高く上げたり左右に振るなどのダンスをしてアピールをします。

正面に大きなヘッドライト型の眼が２つある

もっと

いろいろなクモの網

クモの種類のうち６割が網を作ります。えさをとるための網や住居として作りますが、種によって作る網の形はさまざまです。

円網《えんもう》

●オニグモ類、コガネグモ類、アシナガグモ類など

クモの網と聞いてイメージする形かもしれません。タテ糸は網を支える役目、ヨコ糸は粘り気があり、虫を絡めて捕らえます。

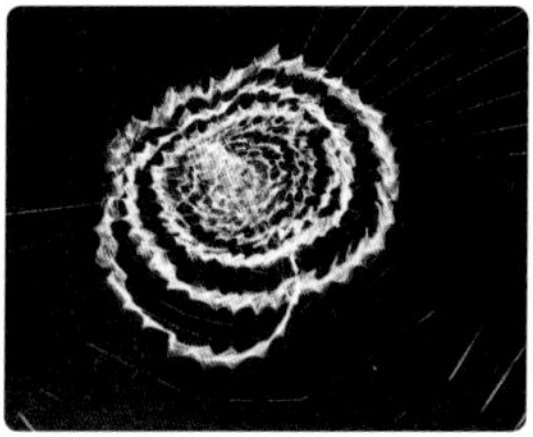

かくれ帯

円網の中央につける白い帯です。うず状やＸ字、直線などの形があります。

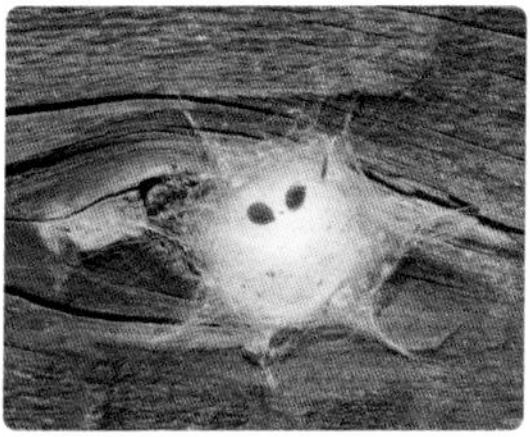

受信糸網《じゅしんしもう》

●ヒラタグモ類、チリグモ類など

網の中心から放射線状に糸がのびています。虫が周りの糸にあたると、それに気づいたクモが中心から出てきて捕まえます。

棚網《たなあみ》

●クサグモ類、ヤチグモ類など

お皿のような網の上にさらに網が張っています。上の網に虫がかかるのを下の網でクモが待ち構えています。

網を作らないクモもいる

ハナグモ、ササグモ、アリグモなどクモの仲間の４割は網を作りません。そのようなクモは、歩き回ったり待ち伏せたりして獲物を捕まえます。

花の上で獲物を待つハナグモ

知りたい!

雑木林で探そう！昆虫の冬越し

寒い冬を越すのは虫にとっても一苦労。厳しい冬を生きのびる虫たちの冬の姿です。

みの

オオミノガ

自分の周りの枝などを使ってみのを作ります。

まゆ

ヤママユガ

口から出す糸で体の周りをぐるぐると巻きつけます。

さなぎ

アゲハ

チョウやガなど、冬はさなぎで過ごす種類もいます。

越冬室

スズメバチの女王

秋ごろには働きバチはすべて死んで、女王は１匹だけになります。女王バチは朽木などに越冬室を掘って、その中で越冬します。

オオカマキリの卵のう

木の枝や背の高い草の葉っぱなどに見られる、卵を守る袋のようなものです。

オビカレハの卵

ウメの木などの枝に、まるで帯のようにぐるっと巻きつくように産みつけられた卵です。

ウラギンシジミ

チョウやガの仲間には、成虫で冬を越す種類もいます。

ナミテントウ

集団を作るのは、熱や湿気が逃げないようにするためと考えられています。

イチモジフユナミシャクのオス（左）とメス（右）

冬に成虫になるフユシャクの仲間は、メスははねが退化していますが、オスは飛び回ります。

知りたい!

だれのしわざかな？

葉っぱについている模様やめずらしい木の実を見つけたら、近くに虫がいるかもしれません。

白いぐるぐるとした線

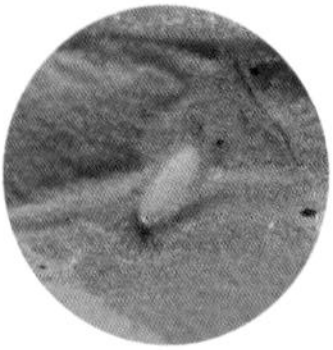

ハモグリバエのさなぎ

別名「絵描き虫」といいます。葉っぱの組織のなかでふ化した幼虫が、葉の組織を食べながら進んだあとです。

丸く切り取られている葉っぱ

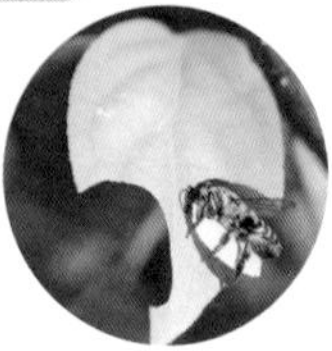

ハキリバチ

巣を作るためにハキリバチが葉を切り取ったあとです。

葉っぱについている果実のようなもの

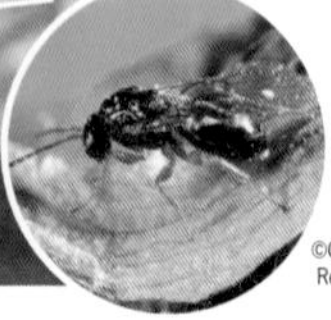

タマバチ

これは果実ではなく、タマバチの虫こぶです。タマバチが植物の葉っぱや枝などに卵を産みつけると、その部分が変化して卵の入った部屋のようなものができます。

第5章
散歩で見上げる
樹木

樹木を見上げてみよう

山林に行かなくても街路樹や公園の木など、さまざまな木を身近に見ることができます。「この木にはどんな花が咲くのかな」「緑色の葉っぱの色が変わっていくんだよ」など子どもと話しながら歩いてみましょう。

色に注目！

ずっと同じ場所に根を張る植物も、季節や天気によって表情が変わります。晴れた日に木もれ日を見上げるだけでもリフレッシュできますよ。

● 芽吹きの早春

春を告げるウメの芽吹き

● 花の咲きみだれる春

樹木の花の代表、サクラ

● 新緑の初夏

鮮やかな緑が美しいブナの葉

● 秋の紅葉狩り

葉が真っ赤に染まるイロハモミジ、ナンキンハゼなど

● みのりの秋

どんぐりはクヌギ、コナラなどブナ科の果実

● 冬への入り口

落葉したカラマツの木

樹木に集まる虫や鳥に注目！

樹木は鳥に食べられることで、種子を遠くに運んでもらったり、虫に受粉を手伝ってもらったりしています。どんな生き物がやってくるか見てみましょう。

ジョウビタキとピラカンサの果実

蜜と花粉を集めるセイヨウミツバチ

定点観察の楽しみ

決まった場所で時間の経過とともに変化するようすを見ていくことを「定点観察」といいます。「この木」と決めて、散歩のたびにさまざまな角度から観察してみましょう。季節だけでなく、天気や時間帯による違いに注目するのもいいですね。

春　夏　秋　冬

樹木を観察するポイント

- 常緑樹か落葉樹か
- 枝ぶり
- 葉の形や色・花の形
- 幹の太さ・模様
- 果実の形や色

おいしそうに見える果実に毒があったり、触るとかぶれたりするものもあります。何かわからないものをむやみに触るのはやめましょう。

レンゲツツジの蜜にも毒がある

触るだけでかぶれるヤマウルシ

樹形　落葉高木
科名　バラ科
開花時期　3〜4月

樹木

誰からも愛される日本の春の風物詩

ソメイヨシノ

ソメイヨシノ（染井吉野）は日本人にいちばん親しまれているサクラで、「桜前線」は本種の開花状況を示します。成長するにつれて横に大きく広がる樹形になります。花は花弁5枚の一重咲きで、葉が出る前に花が咲きます。江戸時代後期にエドヒガンとオオシマザクラが交雑してできた栽培品種で、通常は果実をつけません。今のソメイヨシノはすべて明治時代以降に接ぎ木などで広まっていった同一クローンです。開花から散るまでは約2週間。北海道での開花がいちばん遅く、5月中旬ごろに咲きます。

見てみよう

葉の付け根も甘い？

サクラの葉の付け根の辺りをよく見ると、小さな丸い粒があります。この粒は蜜腺（みつせん）といって、ここからも甘い蜜が出ています。この蜜でアリをおびき寄せ、サクラの葉を食べる虫を追い払うのだと考えられています。

ソメイヨシノの蜜腺に来たアリ

おもなサクラの種類

日本には自生する種や栽培品種など多種のサクラがあります。ここではおもなサクラ６種の特徴を紹介します。

エドヒガン

落葉高木。高さ 20m、幹の直径 1m になるものもあります。花期は３〜４月、葉が開く前に開花。

オオシマザクラ

落葉高木。花期は３月下旬から４月。葉が開くのと同時に開花。塩漬けにした葉は桜餅に使います。

ヤマザクラ

落葉高木。花期は３月下旬〜４月中旬。葉が開くのと同時に開花。新葉は赤みを帯びています。

カンヒザクラ

落葉小高木。花期は１月〜３月。果実は５〜６月に赤く熟します。

カワヅザクラ

落葉小高木。花期は２〜３月。早咲きのサクラとして各地に広まっています。

サトザクラ

カンザンやフゲンゾウなど多数の栽培品種があります。落葉高木。八重咲きが多いです。

樹形	落葉小高木～高木
科名	バラ科
開花時期	2～3月

芽吹きと同時に花が咲く

ウメ

原産地は中国。日本では奈良時代から庭木として親しまれています。かつては花といえばウメを示した時代がありました。複雑な交配、品種改良により、現在は500以上の栽培品種があるとされています。多くはサクラよりも早い2～3月にほのかな甘い香りとともに花を咲かせ、春の訪れを告げてくれます。また初夏を過ぎた頃にできる果実は、梅干しや梅酒など食用でも楽しめます。加工すればおいしく食べられる梅ですが、未熟な青梅には中毒を起こす物質が含まれている可能性があるので注意しましょう。

見てみよう

花梅と実梅の違いとは

ウメの木には、花を鑑賞する花梅(はなうめ)と、実を食用や薬にする実梅(みうめ)があります。花梅の方が実梅より開花時期が早く、花梅は紅色、ピンク色、白色の花を咲かせ、実梅に紅色はありません。植物の種としては同じ“ウメ”になります。

紅色の花は「花梅」

樹木

樹形　落葉高木
科名　ミズキ科
開花時期　4～5月

花びらのように見えるのは総苞《そうほう》

ハナミズキ（アメリカヤマボウシ）

公園木や街路樹として人気の北米原産の落葉広葉樹。花びらに見えるのは総苞《そうほう》（→P.11）といわれるもので、ハナミズキには白色や薄いピンク色があります。総苞片の先端は褐色になってへこみ、総苞の中心に黄緑色の小さな花が10～20個集まって咲きます。この集まりを花序といい、花序を包んでいるものが総苞です。樹皮は灰白色から灰黒色で細かい割れ目が特徴。秋には真っ赤な果実が目立ちます。日本にもともとあるヤマボウシも花のつくりが似ていますが、総苞片は先端が尖っていて、褐色にはなりません。

見てみよう

よく似たヤマボウシ

ヤマボウシは丸い花序をお坊さんの頭、総苞片を頭巾に見立てて名付けられたといわれています。花期は5～7月で、ハナミズキよりも少し遅くなります。白い花びらのように見えるのは同じく総苞片です。果実は大きく、秋に赤く熟して食べられます。

樹形 落葉つる植物
科名 マメ科
開花時期 4～6月

飛鳥・奈良時代から愛されてきた日本の古来種

フジ

直射日光が差す場所を好む植物で、つるは周囲の高い木に巻き付いて伸びます。日本の固有種で低山地および平地の林などに分布しますが、古くから庭園などに植えられ藤棚に仕立てられてきました。今でも各地の観光スポットとして、幻想的な美しさと甘い香りで人気を集めています。多数の花が長くふさ状に連なって咲き、ふさの長さは1m近くになるものもあります。フジは別名ノダフジともいわれ、つるは左巻きで、巻き付いたところが〝ミ〟の字に見えます。西日本に多いヤマフジは反対の右巻きです。

見てみよう

ほかの木に巻き付きながら成長

つる植物であるフジは、上へと伸びることに栄養を使います。ほかの木に巻き付きながらどんどん大きくなり、巻き付いた木をおおいつくすまで成長します。近年は、管理の行き届かない植林地で繁茂したフジを見ることが多くなりました。

林の中で空に向かって伸びていくフジ

樹形　落葉小高木
科名　ミソハギ科
開花時期　7～10月

すべすべの樹皮と百日咲く花

サルスベリ

木登りが上手なサルでも滑り落ちてしまうほど、樹皮がすべすべしているというのがネーミングの由来。古くなった樹皮がはがれやすいので表面はなめらかです。多くの花が次々に開花して、花の咲く期間が長いことから百日紅《ひゃくじつこう》の別名もあります。花は紅色または白色で、花弁は縮れた独特の華やかな姿で、円錐型に集合した形で咲きます。雄しべがたくさんありますが、中心付近の短くて濃い黄色の雄しべは虫を呼び寄せるための飾りです。その周りにある長いものが、受粉のための本当の雄しべです。

見てみよう

新陳代謝のいい樹皮!?

サルスベリの幹は肥大成長するにつれて古い樹皮がはがれ落ちていき、そのつど新しいすべすべした感触の樹皮が表面に出てきます。はがれて白っぽくなった部分と、そうでない部分が入り混じり、樹皮は褐色の濃淡のまだら模様になります。

樹形　常緑小高木
科名　モクセイ科
開花時期　10月

樹木

秋に独特の甘い香りを放つ

キンモクセイ

秋にオレンジ色の小さな花をたくさん咲かせて、甘い香りを漂わせます。日陰でもよく育つ性質があり庭木や街路樹として植樹され、その芳香《ほうこう》は秋の風物詩としても人気があります。オスの木とメスの木は別々にあって、これを雌雄異株《しゆういしゅ》（→P.11）といい、樹木にはめずらしくありません。中国原産で、日本ではオスの木しかないとされるキンモクセイ。その香りから芳香剤に使われたり、食用としてお茶にも利用されています。葉を乾燥させた桂《けい》花茶《かちゃ》は人気の中国茶です。

見てみよう

小さな黒い果実がびっしり

同じモクセイ科のトウネズミモチは、秋にたくさんの黒っぽい果実をつけます。中国原産の常緑高木で、大気汚染や塩害に強く成長が早いので、緑化に利用されてきました。近年、ヒヨドリやメジロなどの鳥による種子散布で増えすぎが問題になっています。

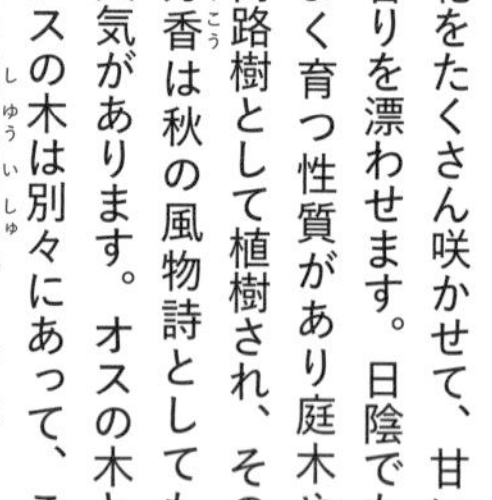

トウネズミモチの黒い果実

樹形 常緑高木
科名 マツ科
開花時期 4〜5月

日本を代表する針葉樹

アカマツ

アカマツ（赤松）の名前は、樹皮が赤味を帯びていることに由来します。葉が軟らかいため別名メマツ（雌松）ともいわれます。これに対し、よく似たクロマツは葉が硬くオマツ（雄松）ともいわれ、葉先に触れると痛いほど。アカマツは日当たりのいい場所を好み、山の尾根沿いや岩場などの乾いてやせた土地にも生育。形を整えやすいので庭木や盆栽としても栽培されています。新しい枝の先に雌花、別の新しい枝の根元部分に雄花を咲かせますが、まれにひとつの枝に雌花と雄花をつけることがあります。

見てみよう

天気のよい日に種子を飛ばす

松ぼっくり（松かさ）のかさの間にはマツの種子が入っています。松ぼっくりは、乾燥すると閉じていたかさが開いて種子を出し、雨にぬれると開いたかさが再び閉じます。マツの種子は翼《よく》があり、羽根のように風に乗って飛びます。

かさが開いて種子をまき散らす

樹形　常緑高木
科名　ヒノキ科
開花時期　3〜4月

材木としては優等生で盛んに植林されてきた

スギ

自生するスギでは樹高30ｍ、幹周り16・4ｍ、樹齢3000年以上などといわれる屋久島の縄文杉が有名ですが、スギの古木や巨木は全国各地に点在しています。スギの木全体の外観は円錐形で、若い木は先端がとがっていて、老木になると丸味をおびます。材質が軟らかく加工性に富み、幹がまっすぐで成長も比較的早いため、材木としての価値が高く、全国的に盛んに植林されてきました。それが現代のスギ花粉症の原因になったと考えられています。また、雄花と雌花は同じ木の別の枝先に咲きます。

見てみよう

花粉症を引き起こす植物

かつて全国的に植林されたスギの花粉に悩まされる人が増え、その対策も考えられ始めています。花粉症の原因となる植物は、早春のヒノキやカバノキ科植物、ほかにもイネ科植物、ブタクサ、ヨモギなどもあり、問題はスギだけではありません。

春になって白い粉のような花粉を飛ばすスギ

樹形　常緑高木
科名　ヒノキ科
開花時期　4月

神社仏閣にも使われる最高品質の建材

ヒノキ

幹はまっすぐに伸びます。ヒノキは雪が苦手なため、豪雪地帯ではあまり見られません。本州中部から西日本を中心に自生していますが、各地で広く植林されています。開花は春先で、小さな雄花と雌花を別々の枝の先につけます。また、ウロコ状をした鱗《りん》状《じょう》葉《よう》という小さな葉が、小枝の表面をびっしりと覆っています。ヒノキはすぐれた建築材として古くから神社仏閣や城の柱、仏像などの彫刻に使われてきました。ひのき風呂の独特の香りはリラックスできて人気があります。

見てみよう

左／ヒノキの鱗状葉
右／サワラの鱗状葉

ヒノキとサワラを見分けよう

ヒノキによく似たサワラの鱗状葉は先端がとがっています。裏面の気孔帯といわれる白いすじは、ヒノキはY字形で、サワラはX字またはH字形に見えます。また、サワラは枝が少ないので遠目に見て、幹の上部の樹冠（→ P.11）が透けて見えます。

樹形　落葉高木
科名　ヒノキ科
開花時期　2〜3月

鮮やかな新緑と美しい樹形

メタセコイア

大きくて整った樹形で、公園や街路樹などに植えられています。別名アケボノスギ。新緑や紅葉も美しいので、日本の各地に紅葉の人気スポットがあります。化石が発見されたことで数千万年前に繁栄したあと絶滅したと考えられていましたが、その後、中国で現存するメタセコイアが発見され、生きた化石として話題になりました。日本では1950年頃に苗木が入ってきて全国に広まりました。メタセコイアは成長がとても早く大木が多いですが、日本に古くからある樹木ではありません。

見てみよう

鳥の羽のようなメタセコイアの枝

鳥の羽のような大きな葉に見えますが、これは小枝です。1枚の葉は平たく細長い部分で、線形葉《せんけいよう》といいます。これが小枝にびっしりついているので、全体が鳥の羽のように見えます。秋には紅葉して枝ごと落ちます。

樹木

樹形　常緑高木
科名　クスノキ科
開花時期　5月

常緑樹の葉も寿命で落ちる

クスノキ

暖地性で成長が早い樹木です。葉の寿命はほぼ1～2年で、多くは春、新しい葉が出るときに古い葉が落ちます。常緑広葉樹は普通、このように葉の交代をします。寺や神社の境内でよく見かけますが、樹齢数百年を超える大木はご神木として信仰の対象となり、天然記念物に指定されているものも多くあります。昔は樟脳《しょうのう》の原料として、衣類の防虫剤などにもさかんに利用されてきました。また虫害や腐朽に強いため、古くは造船の材料としても活用されていました。

見てみよう

独特の香りを虫が嫌う？

タンスの中の衣類を虫から守る樟脳は、独特なにおいで防虫剤として広く使われています。ですが、アオスジアゲハ（→P.163）など好んで食べる虫もいるのは不思議ですね。シナモンやローリエなど、クスノキの仲間の多くは芳香があります。

樹木

樹形　常緑高木
科名　ツバキ科
開花時期　12～4月

寒い季節に咲く美しい花とつややかな葉

ツバキ（ヤブツバキ）

寒い冬を彩るツバキは、サクラやツツジと並んで日本を代表する花木《かぼく》といってよいでしょう。原産地は日本や中国ですが、欧米でもカメリアと呼ばれて愛されています。野生種（→P.11）をヤブツバキといいますが、庭木としても人気があり、栽培品種は多彩です。また、厚みと光沢がある美しい葉も特徴。生け垣に使うと目隠しになるだけでなく防音の役割も果たすので、住宅街でもよく植えられています。種子からとれる油は上質で、「椿油《つばきあぶら》」の名で高級食用油、整髪料などに使われています。

見てみよう

ツバキとサザンカの見分け方

ツバキは冬～早春、サザンカは秋～冬に花を咲かせます。花は似ていますが散り方に大きな違いがあります。サザンカは花びらがばらばらに散り、ツバキは花弁と雄しべがくっついたままぽとりと落ちます。またサザンカは果実の表面に毛が生えています。

左／サザンカ　右／ツバキ

知りたい!

樹皮ウォッチング

樹皮も木の種類によってさまざまです。樹皮だけで木の名前を当てることもできます。ここでは模様が特徴的な木を紹介します（若木と老木でも違いがあります）。

ヤマザクラ

樹皮に長い横すじがあります。

トウカエデ

樹皮は縦に割れてはがれます。

クロマツ

硬くひび割れたような樹皮。

サンショウ

とげや突起があってごつごつしていて、とげは対になってつきます。

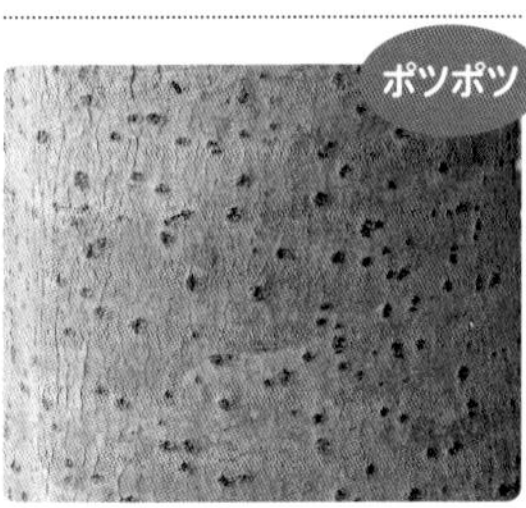

キンモクセイ

ポツポツは皮目《ひもく》といいます。老木は縦に割れ目ができます。

ナツツバキ

樹皮ははげ落ち、まだら模様に。

樹形 落葉高木
科名 イチョウ科
開花時期 4月

イチョウは紅葉ではなく黄葉

イチョウ

秋になるとイチョウの葉が黄金色に染まり、散り始めると並木は一面が黄色い絨毯のようになります。イチョウは臭いことでも有名ですが、これは種子である銀杏《ぎんなん》のにおいです。イチョウにはオスの木とメスの木があり、銀杏ができるのはメスの木です。ときどきメスの木がまぎれ込み、銀杏のにおいをさせることがありますが、街路樹が臭くないのは、種子を付けないオスの木だけを植えているからです。花は4月頃に咲きますが、雄花も雌花も花弁もがくもない目立たない花なので、気づきにくいかもしれません。

見てみよう

イチョウは生きた化石

恐竜のいたジュラ紀以前からあるイチョウ。ほとんどが氷河期に絶滅したとされています。現在世界中のイチョウは栽培されたもので、自生しているものは中国にわずかにあるだけといわれています。野生のイチョウは実は絶滅危惧種（→ P.11）なのです。

生命力の強い大イチョウ

教えて！ 樹木のオスとメスを見てみよう

花には花びらとがく、雄しべと雌しべがあるというのが一般的なイメージでしょう。でも、花びらもがくもない花はたくさんあります。雄しべと雌しべのある花は両性花ですが、雄しべだけしかない雄花、雌しべだけの雌花、そんな樹木もたくさんあるのです。さらにオスの木とメスの木が別々にある雌雄異株《しゆういしゅ》の樹木や、同じ木に雄花と雌花が別々につく雌雄同株《しゆうどうしゅ》もあります。どのパターンになるかは、木の種類によってほぼ決まっています。

イチョウ

雌雄異株　雄花と雌花があり、花びらもがくもありません。

シラカンバ（→ P.242）

雌雄同株　小さな雄花と雌花が集まって、それぞれ雄花序と雌花序になります。同じ枝に別々につきます。

イロハモミジ（→ P.226）

雌雄同株　雄花と両性花。がくとがくよりも短い花びらがあり、それらが集まり花序になります。

ナツツバキ

両性花　花びらとがくがあって、雄しべと雌しべがあります。

樹形　落葉高木
科名　ムクロジ科
開花時期　4～5月

山々を染める紅葉が秋を彩る

イロハモミジ（イロハカエデ）

カエデの仲間は日本の秋の景観をつくる代表で、日本固有種が多いことも特徴です。イロハモミジ（イロハカエデ）は国内ではいちばんよく見られるカエデで、公園などにも植えられています。秋の紅葉はもちろんですが、春のサクラと同じ頃に花が咲き、小さいながらも魅力的な姿を見せてくれます。イロハモミジのほかにオオモミジ、ヤマモミジ、イタヤカエデ、ハウチワカエデなど多くのカエデがあり、さらに栽培品種もあります。以前は独立していたカエデ科は、現在ムクロジ科に含まれます。

見てみよう

イロハモミジのプロペラ

花のあと間もなく、幅1.5㎝ほどの果実ができます。形はプロペラ状で、翼果《よくか》と呼ばれます。秋になると成熟した翼果は2つに分かれ、風でくるくると回転しながら飛んでいきます。果実の膨らんだところに種子があります。

熟した果実は回転しながら飛ぶ

知りたい!

紅葉の仕組み

葉は葉緑体に葉緑素を含んでいるので緑色に見えます。秋になり気温が下がってくると葉緑素の分解が始まります。その一方で葉に糖分がたまると、赤い色素アントシアニンが作られます。このようにして緑色から赤色に変わる現象が紅葉です。黄色に変化する葉は、もともと葉緑体の中にあった黄色い色素カロテノイドが、葉緑素の減少とともに目立つようになるためです。

イロハモミジ

ハナミズキ

赤い葉っぱ

イロハモミジではアントシアニンができて赤い葉になる。

コナラ

黄色い葉っぱ

イチョウの黄葉は緑の葉に隠れていたカロテノイドという黄色い色素が見えてくるため。

イチョウ

赤く色づくオオモミジの若葉

新葉が赤くなる

秋の紅葉とは別に、写真の赤い葉のオオモミジのように春の新葉が赤いものもあります。

樹形 落葉高木
科名 ムクロジ科
開花時期 4～5月

アヒルの足のような形の葉

トウカエデ

原産地は中国で、名前の「トウ」は「唐」のこと。葉の表面は光沢があって裏面は白っぽい青緑色で、3つに切れ込んだ形はアヒルなど水鳥の足のようです。秋に黄色からオレンジ色、赤色へと美しく紅葉します。樹皮は縦に浅く裂け、うろこ状にはがれます。高さは20mほどになり、公園樹や街路樹として広く植えられています。春に開花し、小さな花をたくさん集めた花序《かじょ》(→P.11)をつけますが、ひとつの花序に雄花と両性花が混在しています。

見てみよう　オスとメスがややこしいカエデの仲間

カエデ類はオスの木とメスの木が別々の雌雄異株と、同じ木に雄花と雌花ができる雌雄同株があります（→ P.225）。トウカエデは雌雄同株ですが、雄しべだけの雄花と雄しべと雌しべをもつ両性花があります。カエデ類の雄雌はややこしいですね。

左／トウカエデの雄花
右／トウカエデの両性花

樹木

樹形	落葉高木
科名	ブナ科
開花時期	4～5月

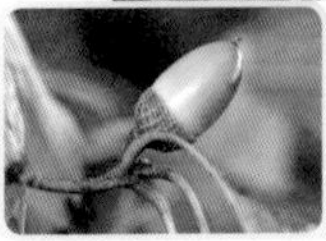

樹液が人気の雑木林の主役

コナラ

コナラは平地から丘陵地の主要な樹種のひとつで、かつて薪《まき》や炭を主燃料としていた頃は、クヌギとともに薪炭林《しんたんりん》として育てられていました。近年はクヌギなどとともにナラ枯れの被害が増えています。全体にクヌギとよく似ていますが、春に花が咲き、その年の秋にできる縦長のフットボールのような形のどんぐりを見れば、クヌギと見分けることができます。夏には樹液を出して昆虫を集める（→P.161）ほか、シイタケ栽培のほだ木(原木)としても利用。クヌギ同様、コナラ林には多くのキノコもできます。

見てみよう

雄花は無数にあり開花期には木全体が黄色っぽくなる

雄花と雌花が同じ枝に咲く

若葉が出る時期になると、薄黄色の穂のような雄花がたくさん垂れ下がります。雌花はとっても小さくわかりにくいのですが、雄花と同時期に同じ枝の先のほうにつきます。どんぐりのなる木は、同じように雄花と雌花をつけます。

樹形　落葉高木
科名　ブナ科
開花時期　4～5月

樹木

コナラによく似た雑木林の人気者

クヌギ

平地の雑木林の主要な樹種のひとつで、かつてはコナラ同様、薪炭林《しんたんりん》として育てられてきました。コナラに似ていますが、どんぐりは球形に近く、殻斗《かくと》と呼ばれるお椀の部分（→P.232）はイガイガのとげ状です。クヌギのどんぐりはコナラと違って花が咲いてから翌年の秋まで、1年半かけて成熟します。どんぐりのできる頃に探してみると、1年目のごく小さな果実が見つかります。樹液を出して昆虫を集めるのはコナラと共通していますが、枯れ葉が落葉せずに翌春まで残るのはクヌギで多く見られるようです。

見てみよう

キクイムシによるナラ枯れ

クヌギやコナラなどブナ科の木のナラ枯れが問題になっています。カシノナガキクイムシが幹へ侵入し、この虫が媒介する菌により木が枯れてしまうのです。森が放置され、キクイムシが爆発的に増えたことでナラ枯れが起こっていると考えられます。

カシノナガキクイムシのオス

樹木

樹形　常緑高木
科名　ブナ科
開花時期　6月

どんぐりのなる木を街路樹に活用

マテバシイ

本来は温暖な地域に分布する樹木ですが、古くから各地で植栽されています。防風、防火を目的に工場や寺社、学校に植えられ、虫がほとんどつかないことから公園にも用いられるようになりました。さらに厚い葉を密につけるため防音効果が期待できること、大気汚染にも強いことから交通量の多い道路に街路樹として使われています。都心でいちばんよく見かける樹木かもしれません。6月頃に花を咲かせ、2年目の秋にどんぐりが成熟しますが、近年は各地でキクイムシによるナラ枯れの被害が見られます。

見てみよう

シイの木の本家はスタジイ

「椎《しい》の木」というと、通常はスタジイのことです。照葉樹林の代表で、社寺の境内や丘陵の斜面などで見られ、巨木があちこちに保存されています。花は5～6月に咲き、特有のにおいがします。どんぐりは開花から2年目の秋に熟します。

どんぐりを図解

どんぐりとはブナ科の木の実のこと（別の考えもあります）。クヌギやコナラなど日本で22種類あります。堅い実を「堅果《けんか》」といい、お椀のような「殻斗《かくと》」にくっついています。

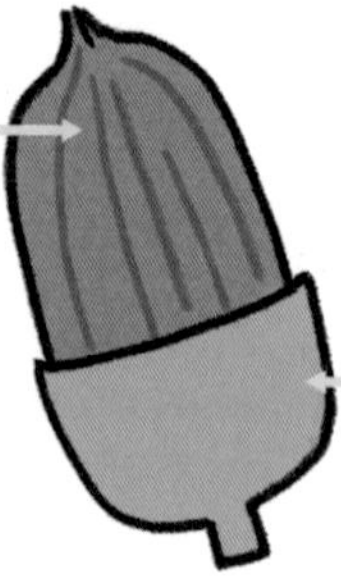

どんぐり

スダジイ
殻斗は3つに裂ける

ブナ
殻斗は4つに裂ける

カシワ
殻斗はウニのイガイガみたい

オキナワウラジロカシ
奄美大島から西表島の南西諸島に分布

クリ
クリもどんぐりの1つ

どんぐりの一生

どんぐりは木の果実です。芽が出て、やがて大きな木になります。

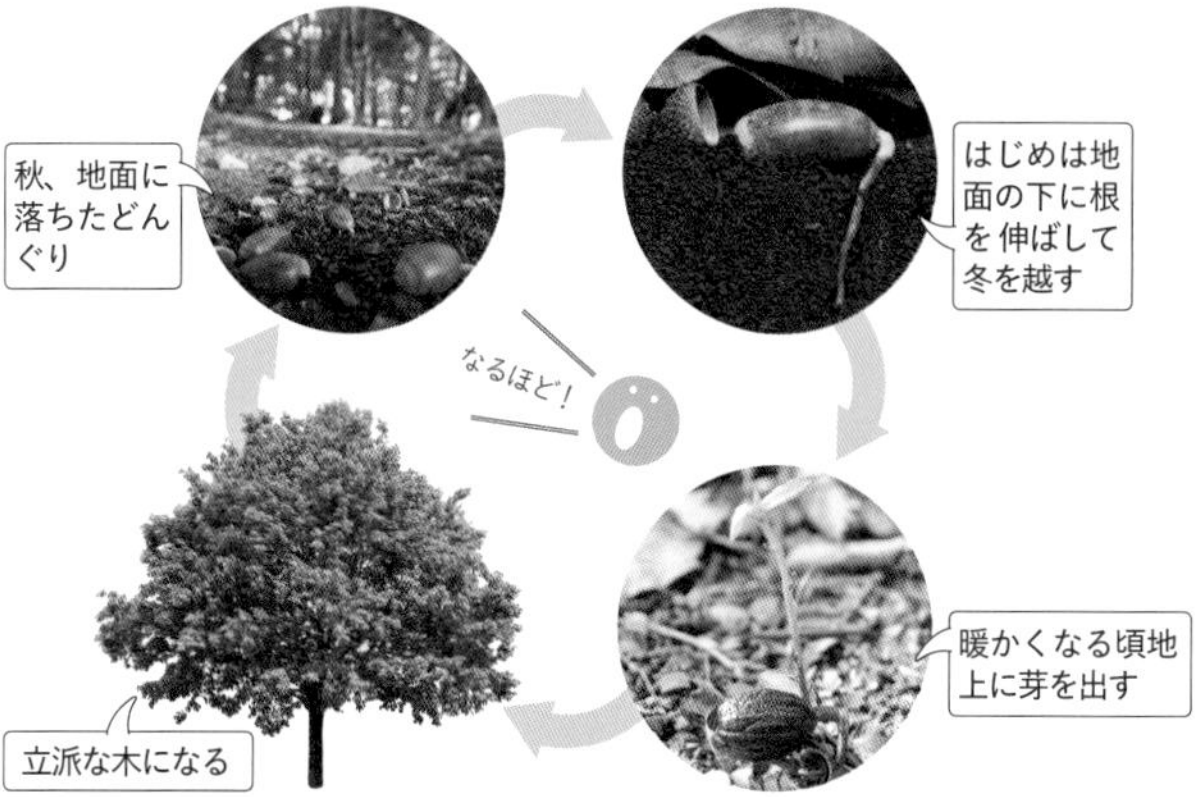

どんぐり一覧

日本全国に自生するどんぐりを集めてみました。家の近所で探してみましょう。

コナラ

殻斗の表面はうろこ状

クヌギ

殻斗の先が反り返っていてまんまる

シラカシ

殻斗に横じまが入っている

ツブラジイ

コジイ(小椎)とも呼ばれている

日本一小さなどんぐり

マテバシイ

細長くてコマを作るのに向いている

樹形	落葉高木
科名	スズカケノキ科
開花時期	4～5月

樹皮がはがれて迷彩柄に見える

プラタナス（モミジバスズカケノキ）

プラタナスはスズカケノキの仲間の総称です。日本ではスズカケノキ、アメリカスズカケノキ、そして両種を交配してできたモミジバスズカケノキの3種が見られます。よく見かけるのはモミジバスズカケノキで、街路樹に多く植えられています。自然な状態では大きく枝を広げるのですが、街路樹では枝は落とされ、その姿も整えられるので本来の樹形は想像できません。枝にぶら下がった果実はイガイガでまんまる。触ると固いのですが、熟すとほろほろとほぐれてばらばらになり、風で飛んでいきます。

見てみよう

スズカケノキの名前の由来

スズカケノキの名前は果実を山伏の衣の篠懸《すずかけ》にたとえたとされていますが、篠懸とは上着のことです。スズカケノキの果実のように見えるふさは肩にかける結袈裟《ゆいけさ》です。名前をつけるときに勘違いがあったのかもしれませんね。

樹形　落葉高木
科名　ニレ科
開花時期　4～5月

木材としても優良な美しい大木

ケヤキ

日本を代表する樹木のひとつで、北海道以外の街路樹や公園や学校、屋敷林などいろいろなところに植えられています。外観は自然な状態では扇を開いたような整った形で、高さ30ｍ以上にもなり、各地で県や市町村のシンボルツリーとして大切にされてきました。4～5月には新しい枝にごく小さな花を咲かせ、5㎜ほどの果実をつけます。晩秋に熟した果実と枯れ葉を枝につけたまま落とすのが特徴で、風に乗って転がり、小枝ごと遠くまで運ばれます。木材としては耐久性と美しい木目で広く活用されます。

見てみよう

美しくて強いケヤキ

材木として優れている理由のひとつに木目の美しさがあります。強さとその美しさから、住宅などの身近な建築材として、また、家具のほか和太鼓の胴などにも広く利用されています。京都の清水寺の舞台を支える太い柱にも使われています。

樹形　落葉高木
科名　アサ科
開花時期　4～5月

昆虫にも野鳥にも人気者

エノキ

本州以南の平地や丘陵地、山地に多く、樹高が20m以上になる大木です。春の芽吹きの頃に、黄緑色の小さな花（雄花と両性花）をびっしり咲かせます。昔、街道の一里塚に植えられたエノキが、現在は大木になった姿を見かけることもあります。エノキを好む虫は多く、国蝶のオオムラサキやゴマダラチョウ（→P.165）、タマムシ（→P.160）、エノキハムシなどに食べられます。さらにそれらの虫を食べる捕食者も集まり、秋になるとツグミ（→P.140）をはじめ、多くの野鳥が果実を目当てにやってきます。

見てみよう

鳥たちに人気の果実

エノキは小さくて丸い果実をたくさんつけ、秋になるとオレンジ～黒紫色に熟します。メジロ(→P.132)やジョウビタキ(→P.141)などもエノキの果実を求めて集まります。鳥たちは移動先で種子を排出し、やがて発芽します。こうしてエノキは増えていきます。

エノキの果実

知りたい!

鳥を利用して旅する木の実

木は種まきを鳥たちに手伝ってもらうこともあります。鳥は木の実を食べたあと、別の場所でフンやペリット（消化できず口から吐き出されたもの）として排出します。

ナナカマド

スズメより一回り大きいウソは、冬でも真っ赤なナナカマドの果実がお気に入り。

センダン

果実が遅くまで残り、ヒヨドリなどに食べられます。

カラスザンショウ

メジロやキジバトが群れで果実を食べにきます。

ムラサキシキブ

ジョウビタキのほかに、メジロやシジュウカラも大好物。

ナンキンハゼ

ツグミは体も大きいので、果実を丸呑みします。

エノキ

水分がなくぱさぱさした果実ですが、アトリなどが集まります。

樹形　落葉高木
科名　マメ科
開花時期　6〜7月

樹木

夏の空を彩るピンク色の花

ネムノキ

原野や山林に自生しますが、民家の周りや公園などでも見かけます。樹冠《じゅかん》(→P.11)を大きく広げ、花の咲く時期には青空にピンク色がよく映えます。チアリーダーのもつポンポンのような花は紅色の雄しべです。マメ科らしくない花のつくりですが、果実は豆のような形で、ネムノキがマメ科であることがわかります。小さい葉がたくさん集まって鳥の羽のように見える羽状《うじょう》複葉《ふくよう》という形状の葉をもちます。夜になると閉じて眠ったようになる葉がネムノキの名前の由来といわれています。

見てみよう

不思議な花をよく見てみよう

ネムノキの花は茎にたくさんの花が集まってつき、たくさんの雄しべがポンポンのように見えます。よく見ると、ピンクの雄しべに混じってちょっと太めの白い雌しべがあるのがわかります。

樹形　落葉高木
科名　モクレン科
開花時期　5〜6月

チューリップのような花を咲かせる

ユリノキ

　ユリノキは北アメリカ原産で、明治初期に日本に渡来しました。今では公園樹、街路樹として広く植栽される人気の高い木です。花がチューリップによく似ているのでチューリップツリー、また、葉の形が丈の短い羽織の半纏《はんてん》に似ていることからハンテンボクという別名もあります。5月頃に大きくきれいな花をつけ、大量の蜜を分泌しますが、高いところで咲くのでなかなか近くで見られません。チャンスがあったらよく見ておきましょう。秋にはプロペラのような翼をつけた独特の果実を飛ばします。

見てみよう

ユリノキの果実と種子

翼のある果実を飛ばす

ユリノキの果実は翼果《よくか》といわれる翼のある小さな果実がたくさん集まった集合果です。葉が落ちる秋に熟し、果実は内側からひとつずつバラバラになって飛んでいきます。果実の外側は長く残って翌年の春まで見られ、冬枯れの樹冠に目につきやすくなります。

樹形　常緑小高木
科名　バラ科
開花時期　11～2月

樹木

古くから栽培されて広まった

ビワ

ビワは九州などに自生が見つかったともいわれますが、多くは果樹として暖地で栽培されています。庭木として育てられ、人家の周りで見かけることもあります。葉は大きく厚みがあり、楕円形をしています。表面はつやがあってすじ（葉脈）が目立ち、裏面には毛が密生しています。秋から冬に開花し、バニラに似た濃厚な香りを放ちます。果実は初夏に熟してオレンジ色になります。果実を食用にするだけでなく江戸時代には葉や種子が薬用として役立てられ、ビワの栽培は各地に広まったと考えられています。

見てみよう

名前の由来は楽器の琵琶《びわ》？

ビワは古い時代に中国から渡来したという説が有力です。ビワの名前の由来は弦楽器の琵琶という説がありますが、奈良時代に伝わってきた琵琶よりもはるかに古くからあるので名前の由来としては疑問の残るところです。

樹形　落葉高木
科名　カキノキ科
開花時期　5〜6月

オレンジ色の果実は秋の実りの代名詞

カキノキ

中国原産とされますが、日本で自生していたという説もあります。食用に古くから栽培されてきました。樹皮は網目のように裂け目が入ります。雌花と雄花を同じ木につけ、雌花はひとつずつ、雄花は数個まとまってつきます。果実は10月頃に熟し、たわわに実ったカキノキは日本の秋の代表的な風景です。甘柿と渋柿があり甘柿はそのまま食べられますが、渋柿は渋抜きをし、干し柿にするなどして食べます。たとえば生食用にされる平核無《ひらたねなし》は渋柿ですが、炭酸ガスなどで渋抜きをしてから出荷されます。

見てみよう

貴重な黒柿の木材を使った茶たく

人の生活に活かされるカキノキ

カキノキにはたくさんの品種があります。よく聞く富有《ふゆう》柿や次郎柿は甘柿で、百目《ひゃくめ》柿、蜂屋《はちや》柿は渋柿です。果物を食用する以外にも、木材は家具や楽器に、葉は乾燥させてお茶に、渋柿をしぼった液は防虫・防腐用の塗料など、広く利用されています。

樹形　落葉高木
科名　カバノキ科
開花時期　4月

高原の白いシンボル

シラカンバ（シラカバ）

北国や高原、山地など涼しく日当たりのよいところに生育し、樹皮の白さが避暑地らしい景観を作り出します。幹に刻まれた黒い線は幹から枝が落ちたあとで、白い樹皮に「へ」の字型に残ります。古くなった外側の白い樹皮は薄紙のように横方向にはがれます。4月頃には雌花と雄花を同じひとつの枝につけます。シラカンバは植物が生育しにくい火山灰地や砂地でも育ち、山火事のあと、真っ先に発芽・成長します。山地では標高のあまり高くないところに生育し、高いところでは同じ仲間のダケカンバに入れ替わります。

見てみよう

風に揺れて花粉を飛ばす

シラカンバは春から初夏に花を見ることができます。多数の雄花の集まりである花序は3～5cmほどの長さで枝から垂れ下がり、花粉を飛ばします。雌花は雄花と違い、最初上向きにつきます。北海道などではシラカンバの花粉は花粉症の原因のひとつとされています。

左／雄花序　右／雌花序

樹木

樹形　落葉高木
科名　ヤナギ科
開花時期　4月

空に向かってまっすぐ伸びる

ポプラ（セイヨウハコヤナギ）

ヨーロッパ原産のポプラ（セイヨウハコヤナギ）が日本にやってきたのは明治時代。横に枝葉を広げることなく、まっすぐ空に向かって伸び細長い円柱型になります。おもに北海道で防風や牧場地の境界線として植えられました。成長が早いポプラですが、根が浅いので強風に倒れやすいのが弱点です。4月頃に花が咲きますが、セイヨウハコヤナギは雌雄異株で、日本にはオスの木しかありません。同じポプラの仲間のアメリカハコヤナギや在来種のヤマナラシ（ハコヤナギ）には雌株があり、果実をつけます。

見てみよう

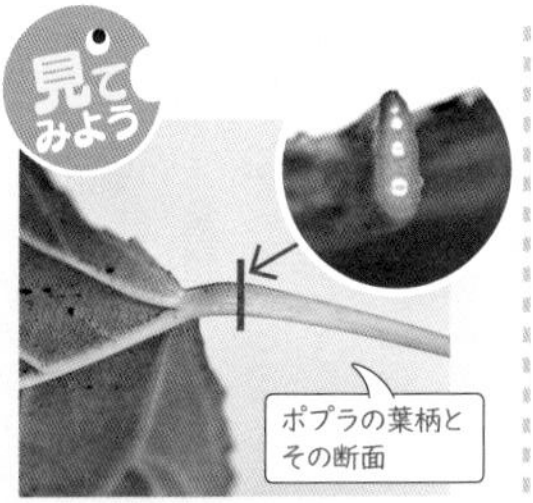

風にそよぎ、山を鳴らすポプラの木

ポプラはヤナギ科ヤマナラシ属の総称。ヤマナラシの仲間は「山を鳴らす木」といわれますが、葉が風を受け流しやすいように葉柄《ようへい》が扁平になっているため、少しの風でも揺れてサラサラと心地よい音を奏でるのです。

樹形　落葉高木
科名　ヤナギ科
開花時期　3～5月

古くから親しまれるヤナギの代表格

シダレヤナギ

公園や街路などに植栽されますが、池や川の近くでもよく見られます。中国原産ですが、万葉集にも歌われていることからも、日本に渡来したのはかなり古いと思われます。昔から親しまれ、日本でヤナギといえばこのシダレヤナギのことを示すほどです。
枝は長くしだれ、細長い葉も枝に沿って下向きに垂れます。しなやかな枝は風で揺れ動きます。5月頃、葉が出るのと同時に黄緑色の花が咲きます。雌花と雄花が別の木につく雌雄異株ですが、日本ではほとんどが雄株で、雌株はめったに見られません。

見てみよう

白い綿毛のついたヤナギの果実

シダレヤナギの果実はめったに見られませんが、アカメヤナギなどほかのヤナギは果実をつけます。小さな果実には白い綿毛があり、風に乗ってどこまでも飛んでいきます。初夏にヤナギ類の果実が舞うようすを柳絮《りゅうじょ》といいます。

左／裂けて開いたアカメヤナギの果穂　右／果実

樹形	常緑高木
科名	ヤシ科
開花時期	4～6月

南国ムードをかもし出す存在

カナリーヤシ（フェニックス）

カナリーヤシの名前は、カナリー諸島原産であることから付けられたといわれ、一般にはフェニックスとも呼ばれます。日本では東京（関東南部）以南の暖地の海岸、公園、街路などに植栽されており、成長はさほど早くありませんが、太い幹と長い葉をもつため広いスペースに植えたい樹木です。雌花と雄花は別々の木につく雌雄異株で、雌株には10～11月にオレンジ色の果実を多数つけます。カナリーヤシの幹の上部には長い毛のような葉の繊維が長く残り、ここにシダ類が着生しているのがよく見られます。

見てみよう

左／シュロの雄花序
右／シュロの雌花序

ヤシ科植物の花

カナリーヤシやシュロなどヤシ科の植物はオスの木とメスの木が別々の雌雄異株です。シュロはオスの木もメスの木も小さな黄色い花を無数につけますが、雄株の花序につくのは雄花で、雌株の花序には雌花と両性花がつきます。

樹形 常緑高木
科名 ヤシ科
開花時期 5～6月

寒さにも強いヤシの木の仲間

シュロ（ワジュロ）

九州地方で自生していますが、中国原産という説もあります。ヤシの仲間は暖地性が多いのですが、シュロは寒さに強く雪深い地域でも枯れることがありません。耐寒性があるだけでなく、潮風にも強く火災にも耐性があり燃えにくいので、樹木の中でも特に丈夫な植物として日本各地で栽培されています。幹は枝を出さずにまっすぐに10ｍほどの高さまで伸び、てっぺんに扇形の独特な形の葉をつけます。強じんな葉は古くなるとすじに沿って縦に裂け、垂れ下がります。雌雄異株でオスの木とメスの木があります。

見てみよう

繊維は丈夫で優良な自然素材

シュロの幹を覆う毛のようなものは葉柄《ようへい》の繊維で、葉が落ちたあとも長く残ります。これを集めてひも状にしたものがシュロ縄です。丈夫さが特徴の、腐りにくく水にも強い繊維は、ほうき、はけ、たわしなど日常生活のいろいろな場面で利用されています。

竹垣に使われているシュロ縄

樹形　常緑低木
科名　ソテツ科
開花時期　6～8月

樹木

南国生まれの生きた化石

ソテツ

日本固有種で暖地性ですがあちこちに広く植栽されています。イチョウと並ぶ祖先的な植物で、生きた化石ともいわれます。カナリーヤシ（→P.245）に似た形をしていますが、まったくかけ離れた植物です。幹は太く立ち上がり、枝はほとんど出さず、葉は幹の先端の近くにまとまって輪を描くように並んでいます。雌雄異株で幹の先端に雄花や雌花をつけます。秋から春に赤く熟す大きな種子（果実ではない）には毒があり、飢饉や戦争時に毒抜きして食べられましたが、中毒症状が出ることもあったようです。

見てみよう

左／ソテツの雄花
右／ソテツの雌花

雄花と雌花を見てみよう

ソテツの雄株と雌株は、それぞれの幹の先に独特の花をつけます。雄花は幹のてっぺんに円柱形につき、雌花はドーム型です。本来の生育地である暖地以外ではあまり花は咲かなかったのですが、温暖化の影響からか、最近では関東でもよく見られるようになりました。

さくいん

あ行

か行

さくいん

さ行

た行

さくいん

な行

は行

ま行

さくいん

［監修］

1・2章

お散歩研究会「ぽかぽか」

自然、街歩き、星空など、歩くことが大好きなライター集団。気になるものを見かけたら即座に調べて答えを出します。子ども連れの人も含めて、定期的にお散歩会を開催しています。ときには食べ歩きの会も。

3・4・5章

NPO法人自然観察大学

唐沢孝一　NPO法人自然観察大学学長
浅間　茂　NPO法人自然観察大学副学長
鈴木信夫　NPO法人自然観察大学講師
飯島和子　NPO法人自然観察大学講師

■NPO法人自然観察大学について

“楽しみながら自然観察の視点を身につけよう”という目的で2002年度から活動を開始し、2010年にNPO法人となりました。植物、野鳥、昆虫、クモ、きのこなどの専門家が話題を提供し、自然を観察する視点の大切さ、面白さ、楽しさを伝える活動を行っています。野外観察会や室内講習会などを実施中。　※法で定められた大学ではありません。

観察会、講習会にはどなたでも参加できます。

自然観察大学HP
https://sizenkansatu.org/

日本自然保護大賞 2022
入選

自然観察大学の活動は自然保護大賞2022に入選しました。

[おもな参考文献]

『野外観察ハンドブック　校庭の昆虫』田仲義弘・鈴木信夫共著／『野外観察ハンドブック　校庭の野鳥』唐沢孝一著／『たのしい自然観察　野鳥博士入門』唐沢孝一著／『野外観察ハンドブック　改訂校庭のクモ・ダニ・アブラムシ』浅間茂・石井規雄・松本嘉幸共著／『樹木博士入門』小幡和男・岩瀬徹・川名興・飯島和子・宮本卓也著（以上全国農村教育協会）、『天気と気象の事典』武田康男著（永岡書店）

[STAFF]

編　　集	有限会社オフィス・ポストイット （永岡邦彦・朝倉めぐみ・五箇貴子・金村朝実・遠藤大策）
編集協力	菅沼佐和子、稲垣宏樹
写真提供	NPO法人自然観察大学、広島市江波山気象館、 首都高速道路株式会社、PIXTA、Photolibrary
イラスト	あらいのりこ
デザイン	エメ龍夢、東京100ミリバールスタジオ
校　　正	ダブルウイング

子どもと一緒に見つける
空を見上げるさんぽ図鑑

2023年9月10日　第1刷発行

監修者	NPO法人自然観察大学、お散歩研究会「ぽかぽか」
発行者	永岡純一
発行所	株式会社永岡書店 〒176-8518　東京都練馬区豊玉上1-7-14 代表☎ 03 (3992) 5155 編集☎ 03 (3992) 7191
印刷・製本	大日本印刷

ISBN978-4-522-44019-3　C2040